青少年积极心理学

培养孩子的优秀品格

谷鹏磊 ◎ 编著

中国纺织出版社有限公司

图书在版编目（CIP）数据

青少年积极心理学：培养孩子的优秀品格 / 谷鹏磊
编著. -- 北京：中国纺织出版社有限公司，2025. 7.
ISBN 978-7-5229-2496-0

Ⅰ. B844.2
中国国家版本馆CIP数据核字202585B8P9号

责任编辑：刘桐妍　　责任校对：高　涵　　责任印制：储志伟

中国纺织出版社有限公司出版发行
地址：北京市朝阳区百子湾东里A407号楼　邮政编码：100124
销售电话：010—67004422　传真：010—87155801
http://www.c-textilep.com
中国纺织出版社天猫旗舰店
官方微博 http://weibo.com/2119887771
鸿博睿特（天津）印刷科技有限公司印刷　各地新华书店经销
2025年7月第1版第1次印刷
开本：710×1000　1/16　印张：13
字数：180千字　定价：49.80元

前言

人们常说，少壮不努力，老大徒伤悲。这句话告诫我们，在生命的漫长旅程中，宝贵的青春时光转瞬即逝。青少年要想身心健康地成长，将来能够凭着自身的能力创造美好的生活，就要利用青春期培养优秀的品质，树立正确的人生观念。俗话说，甘蔗没有两头甜。如果青少年不在成长的道路上坚持努力，那么未来长大成人之后必然后悔虚度了青春年华，也会因为此前没有积累丰富的人生资本而陷入懊恼之中。

进入青春期，孩子们也开始了初高中阶段紧张忙碌的生活。初高中阶段的学习内容更多，学习难度更大，学习节奏更快，所以很多孩子在刚升入初中时，并不能马上适应初中的学习节奏和学习强度。又因为身体分泌出大量的荷尔蒙，所以青少年内心敏感，自尊心强烈，很容易冲动愤怒。在这种情况下，一味地逃避或者抱怨显然不利于解决问题，只知道向老师或者父母求助也是无济于事的，因为没有人能代替青少年吃学习的苦，更没有人能替代青少年成长。要想顺利度过青春期，未来以独立的姿态面对人生，青少年就要培养积极的性格，形成优秀的品质，这样才能胸有成竹、从容不迫地应对人生的各种境遇，战胜人生的坎坷与困难。

本书列举了青少年在学习和成长过程中将会面临的一些困境和挑战，不仅从家庭教育的角度分析了作为父母如何引导青少年始终保持乐观向上的精神，还分析了青少年很多行为的深层次心理原因，从而劝谏青少年要正视困难，绝不逃避和畏缩。在本书的最后部分，列举了青少年要养成的优秀品质，以及要避免推卸责任、怨声载道等情况的发生，又从心理学的角度，帮助青少年梳理内心，安抚情绪，消除愤怒、焦虑等负面情绪。相信阅读本书之后，对于那些曾经令自己情绪波动的事情，青少年可以端正心态，理智平静地面对。

正如人们常说的，人生不如意事十之八九。在这个世界上，每个人都会有烦恼，也会有不满足，还会有怨愤。然而，对于客观存在的各种外部条件，青少年很难改变。那么，就要遵循"改变能够改变的，接受不能改变的"这条人生原则，尽量平复心情，积极面对。

人，并非天生就无所不能。初生牛犊不怕虎，是无知者无畏。青少年们要做到的，是明知山有虎偏向虎山行，这才是大无畏精神的表现。鲁迅先生说过："世界上本没有路，走的人多了，也便成了路。"青少年要始终牢记这句话，才能在人生的道路上披荆斩棘，开拓出属于自己的人生道路！

编著者

2023年7月

目 录

第 一 章 01

了解青少年心理特点，
反思青少年心理问题

Positive
psychology

青少年的自我同一性

美国著名的发展心理学家埃里克森认为，青春期是人类从童年时期过渡到青年时期的重要阶段。为此，他提出了自我同一性等一系列心理学概念。**自我同一性，即青少年同一性的人格化，是指青少年的需要、情感、能力、目标、价值观等维度整合为统一的人格框架，即具有自我一致的情感与态度，自我贯通的需要和能力，自我恒定的目标和信仰。** 在社会生活中，每个人都是社会的成员，都具有社会属性，因而必定会树立理想，明确自己未来想要成为怎样的人，思考如何才能成为自己所期待的模样。在这个方面形成了自我同一性的人，往往目标明确，方向正确，因而不管做什么事情都勇往直前，全力以赴。反之，有些人则没有形成自我同一性，这使得他们对于自己想成为怎样的人始终感到迷惘和困惑，这是因为他们既没有做到正确地认识自己，也没有履行自己的职责，更不可能承担起自己的责任。简而言之，他们陷入了角色混乱的状态，无法选择自己在生活中的角色。

在青春期，孩子们面临的重要成长就是实现自我同一性。后来，社会心理学家马西娅对自我同一性的不同情况进行区分，得出自我同一性可以分为以下四种情况，分别是同一性获得、同一性延缓、同一性早闭、同一性弥散。在同一性发展的各种情况中，同一性获得代表着最成熟的状态。例如，大学生在积极地进行自我探索，在进行深入且全面的思考之后，能够明确人生目标，找准人生方向，确立价值观念，探索生命的意义，从而产生成长的内部驱动力。一般情况下，同一性获得的大学生思想成熟，能够坚持独立且有深度的思考，对于很多事情都积极主动地去做，且具有比较高的自尊水平，也愿意探索人生中的很多重要问题，具有适应外部环境的能力。正是因为如此，当在成长的过程中面临各种艰难的困境或者难以解决的问题时，他们才能保持积极乐观的心态，全力以赴地实现人生目标。

相比起同一性获得的学生已经呈现出比较成熟的状态，同一性延缓的学生则正在主动地进行自我探索。面对着成长过程中无限的可能性，他们需要针对实现人生价值、发展人际关系和明确未来的职业等问题做出选择。他们正在深入且全面地思考，正在面面俱到地权衡，而还没有做出最终的决断。这使得他们始终保持着比较高的焦虑水平，为了控制焦虑，他们往往会发泄不满等负面情绪。除此之外，他们在很大程度上对经验保持开放包容的态度，愿意汲取和积累更加丰富的经验，以对自己起到指导的作用。

成 长 加 油 站

对于高中阶段的青少年，他们往往处于这样的迷惘和困惑状态。一方面，高中的学业压力很大，学习任务繁重；另一方面，他们在经过高中三年的学习之后，就要选定就读的大学和专业，这在很大程度上将会决定他们未来的就业和人生发展。除此之外，他们情窦初开，既有可能与异性之间暗生情愫，也有可能因为不懂得如何处理好人际关系，而面临人际交往的困境。为此，高中生往往面临着重重压力，不知道如何应对。即使顺利高中毕业，升入理想的大学，很多大学生也依然处于同一性延缓的状态。因为在进入大学之后，他们依然面临诸多选择，还要最终做出明确选择，决定以怎样的方式生活。

在很多高速发展的国家里，当社会处于转型期时，人们打破了旧有的价值体系，而还没有建立新的价值体系，这就会影响青少年的自我同一性发展，使得青少年无法在信念、价值观和行为这些方面获得内在的一致性，而必须依靠自己在混乱的状态中艰难地摸索。因此，国家才致力于建立各种教育制度、职业培训制度等，这样能够帮助青少年解决内心的困惑，消除内心的矛盾，以反思的方式让自己对于生命的感悟得到沉淀，最终他们才能从容地权衡利弊，做出选择，再结合各方面的情况定位自身的社会角色，找准自身的社会位置。

除了同一性获得和同一性延缓这两种状态外，和同一性扩散相比，同一性早闭更好。同一性早闭的孩子提前结束了探索同一性的整个过程，他们不曾深入思考关于自身发展和成长的各种重要问题，往往根据父母对自身的期望而决定自我投入的信仰、目标和价值。简而言之，他们对于人生缺乏探索和思考，而奉行拿来主义，采纳父母的一套目标体系和价值观念为自己所用。这使得他们对同一性的探索中断，提前固定自我意向，进行自我认知。显而易见，这样必然导致孩子的人生减少了可能性，很有可能会按照父母的意愿和安排按部就班地向前发展，毫无创造性可言。在很多家庭里，父母从小习惯了为孩子包办一切，处理和安排一切，甚至已经提前规划好孩子的人生，这很容易导致孩子出现同一性早闭。这些孩子特别重视他人的看法和评价，对于权威人物过度尊重，只有以获得他人的认可和赞同为前提，才能进行自我评价；他们缺乏独立的思想，无法进行独立的思考，很容易依附他人，表现出盲目从众的心理特点；他们遵循传统的价值观念，缺乏应变能力，喜欢墨守成规、一成不变的生活；他们特别依赖父母，与父母的关系异乎寻常地亲密，就连高考填报志愿、大学毕业选择职业、选择以结婚为目的的男女朋友等事情上，他们也会尊重甚至遵循父母的意愿。在现实生活中，他们是老师眼中品学兼优的好学生，是父母眼中听话懂事的孩子，是领导眼中勤勤恳恳、兢兢业业的老黄牛。但是，一旦从父母那里得来的价值体系与现实发生冲突，一旦此前的生活轨迹脱离了固有的权威系统，一旦以独立的姿态开始属于自己的人生道路，他们就会表现出极大的不适应。这是因为他们不具备独立探索和积极创新的精神，尽管在专制性方面表现出很高的水平，但是在自主性方面却表现出很低的水平。为此，他们缺乏安全感，为了维护自尊，不得不采取防御性的自恋方式。总之，在猝不及防面对全然陌生、富有变化的生活时，他们会产生激烈的内心冲突。由此可见，同一性早闭只是比同一性扩散更好而已，远远不如同一性延缓，更不如同一性获得。

在同一性的四种情况中，如果说同一性获得代表最成熟的状态，那么同一性扩散则代表最不成熟的状态。对于当代高中生和大学生而言，当处于同一性扩散的状态时，则意味着他们从未进行自我探索，或者他们只是浅尝辄止地进行自我探索，因而没有形成明确的目标和价值观念，也就无法为实现目标、构建价值观念体系有所付出。他们自我评价偏低，自尊水平不足；他们的自我认知与他人对他们的评价不一致，这使得他们常常产生自我怀疑，感到苦闷困惑；不管是对于生活还是对于工作，他们都缺乏热情，不能实现生命的价值和意义，还常常逃避责任，推卸责任。这使他们表现出消极、自卑的人格特征，也表现出畏缩、退却等行为特征。面对这样的状况，父母要引导孩子发展自我同一性，推动孩子从自我同一性扩散状态，进入到自我同一性延缓状态。必要的时候，父母还要把自身的价值观念灌输给孩子，因为哪怕是同一性早闭，也远胜于同一性扩散。

总之，**青春期是孩子们正面自我认知和自我发展的关键时期，孩子们要形成正确的人生目标，构建良好的价值体系，这样才能产生成长的内部驱动力，朝着人生的目标坚持进取。**

小贴士

青少年时期是探索"我是谁"的关键期。鼓励孩子尝试不同角色、兴趣和价值观，提供安全的环境让他们表达和反思。父母的理解与接纳比评判更重要，帮助他们整合过去、现在和未来的自我，形成稳定、积极的自我认同感。这是他们未来自信和方向感的基石。

教育的互联网革命

随着网络时代的到来，很多人都意识到网络虽然会为现代化的生活、学习和工作带来极大便利，却也给很多人带来了巨大的困扰，例如很多青少年因为缺乏自控力和自制力，沉迷于网络游戏，轻则影响学习，重则上网成瘾，患上不同程度的心理疾病。

尽管很多人都说网络是一把双刃剑，但是没有人能够阻止信息化时代的到来。在现代社会生活中，很多工作都离不开电脑，很多岗位也都实现了智能化操控。在校园里，开始推行智慧教学，即给每个学生配置一台与大屏幕关联的平板电脑，这样学生就能在学习的同时利用平板电脑做题，教师也可以随时切换到学生端口，以一对一的方式对该端口的学生进行个性化辅导。对于智慧教学，相信大多数父母都会表示反对，因为他们不知道孩子是否有足够的自控力，能够控制自己在课堂上和课间里不使用平板电脑进行娱乐。当然，目前为止，对于小学阶段和初高中阶段的教学而言，依然以传统的教学模式为主。

随着5G时代的到来，互联网革命必然对教育行业产生冲击。没有人能够阻挡网络升级的大势。这使人们更加担心网瘾问题。其实，所谓网瘾真的存在吗？前些年，说起网瘾，很多父母闻之色变，因为他们听说过甚至正在亲身经历孩子上网成瘾的噩梦。有专家预测，5G时代到来，实现智慧教学，非但不会加重孩子上网成瘾的现象，反而有可能彻底消除网瘾这个社会问题。这是为什么呢？

成 长 加 油 站

要想解答这个问题，我们就要深入分析青少年上网成瘾的根本原因。近些年来，青少年上网成瘾不是某个家庭或者某些家庭的问题，而是大多数家庭都有的问题，甚至在某种意义上来说已经成为了不容忽视的社会现象。很多人只看到青少年上网成瘾的行为表现，而没有深入分析他们沾染网瘾的根本原因，所以就会进入治标不治本的误区。从心理学的角度来说，大部分上网成瘾的青少年都有逃避现实的心理。他们之中有些孩子是留守儿童，从小只能和爷爷奶奶一起生活在偏僻的村庄里，没有父母的陪伴和关爱，因而感情冷漠，心理上缺乏爱的滋养。随着渐渐长大，他们发现了逃避现实的好去处，那就是虚拟的网络世界。在网络世界里，内向、胆小、自卑的他们可以自由地发挥天性，再也不怕被他人嘲笑或者伤害。有些孩子有暴力倾向，喜欢在充满血腥和暴力的网络游戏中扮演救世主的角色，或者扮演掌握生杀大权的其他角色，以满足不切实际的妄想。还有些孩子尽管和父母生活在一起，但是父母却因为忙于工作而忽略了他们，只给他们足够的金钱消费，而从不关心更不监管他们如何支配这些金钱。青春期孩子缺乏自控力，也不具备明辨是非和自我管理的能力。一旦缺乏监管，他们就很容易受到各种诱惑。毫无疑问，网络对于他们就是最大的诱惑。等到父母终有一天发现孩子沉迷网络，试图以强制手段逼迫孩子戒掉网瘾，则为时晚矣。

除了上述原因外，还有些孩子生活在健全健康的家庭里，得到了父母无微不至的关爱与呵护。父母为了避免孩子沾染网瘾，严令禁止孩子玩网络游戏，甚至杜绝孩子接触网络。在小时候，孩子也许会对父母言听计从。随着渐渐长大，孩子开始对网络感到好奇，也试图抗拒父母。为此，他们隐瞒父母接触网络，玩网络游戏，最终哪怕遭到父母的反对，他们也依然固执。孩子的表现验证了一句话——哪里有压迫，哪里就有反抗。如果说父母完全放手孩子，对孩子不管不顾，是对孩子不负责任的表现，那么父母严格管教孩子，对孩子过于苛刻，同样也会导致孩子变本加厉。作为父母，一定有过带孩子打防疫针的经历，也知道打防疫针预防某种疾病的原理，其实就是向孩子体内注射微量的灭活病毒，以让孩子产生对该病毒的抗体。要想预防孩子上网成瘾，也要遵循同样的道理，即让孩子适度接触网络，避免孩子每时每刻都极度渴望接触网络。当父母坚持这么做后，孩子对于网络游戏就不会有超乎寻常的强烈渴望和强烈需求，而能做到如同对待电视节目一样对待网络游戏。换言之，合理地管控孩子接触网络，相当于把一道珍馐大餐变成了家常饭菜，让孩子固然想吃且吃不腻，却也不会日思夜想。这是最理想的结果。

正是从这个意义上来说，随着5G时代的到来，当网络走进课堂，智慧教学普及的时候，那么孩子就会随着接触网络的机会越来越多，而把网络当成是学习的重要方式，也把网络当成是适时适度的娱乐方式。未来，网络必然伴随着我们生活的每个时刻，一味地逃避绝不是引导孩子学习使用网络的好方法，只有坚持以正确的教育观念对孩子进行引导，父母才能和孩子一起战胜网络的噩梦，发挥网络的积极作用。

小贴士

网络是双刃剑，既带来海量信息和便捷学习，也潜藏分心的风险。与其一味禁止，不如引导青少年成为"数字公民"，培养其信息甄别能力、批判性思维、网络安全意识和健康的上网习惯。利用网络资源拓展学习，同时确保线下生活和真实社交的平衡。

青少年为何沉迷游戏

在心理发育的过程中，所有孩子都要进行社会化学习和模仿。从某种意义上来说，他们正是通过模仿的方式开展学习的。例如，在游戏中，他们体验不同的角色，也对该角色有了一定的认知和感受。对于孩子而言，这就是社会化学习的一种方式。近些年来，儿童的角色体验馆很受广大家长和孩子的欢迎，是因为在这些体验馆中，孩子能够体验不同的社会角色，诸如消防员、医生、律师和厨师等，也对这些社会角色形成初步认知。在社会体验馆里，我们会发现男孩与女孩关注的社会角色有所不同，不同年龄段的孩子关注的社会角色也是不同的。

比起社会角色体验馆，很多青少年更喜欢在网络游戏中增强社会体验。尽管对于每个孩子而言，游戏都是非常重要的学习方式，但是网络游戏存在于虚拟的网络空间，并不受到现实条件的制约和限制，所以更受青少年的欢迎。在现代社会中，虽然孩子们拥有更多现代化的游戏，游戏的条件和配置也都更加高级，但是他们却失去了传统游戏的快乐。七八十年代，孩子们喜欢玩泥巴，躲猫猫，玩丢手绢。现在，很多孩子都喜欢捧着手机安静地看视频、玩游戏，而不愿意走出家门与同龄的小伙伴一起玩耍。很多父母都喜欢给孩子玩手机游戏或者网络游戏，这是因为和现实中的游戏相比，虚拟的网络游戏更安全，孩子不会因为玩网络游戏受伤，所以父母唯一需要做的就是把手机或者电脑给孩子，而不需要一直目不转睛地盯着孩子。殊不知，孩子尽管能盯着手机或者电脑玩大半天，但是他们却失去了快乐的童年，既不能与父母亲密无间地相处，也不能与小伙伴一起自由自在地玩耍。在长期玩游戏的过程中，孩子们因为缺乏与父母、小伙伴的互动，他们的性格会变得越来越孤僻。有些孩子沉迷游戏，无法区别游戏与现实，甚至还会把游戏中的情节复现在现实生活中，给自己和他人造成严重的伤害。直到孩子沉迷游戏，表现出冷漠疏离，更无心学习，那些后知后觉的父母才意识到他们为了逃避陪伴孩子的责任，放纵孩子玩网络游戏，实在是大错特错。还有些不负责任的父母把手机或者平板提供给年幼的孩子，使得一岁左右的孩子还不会走路呢，就盯着花花绿绿、光线刺眼的手机屏幕看得津津有味，只能说这些父母为提升儿童的近视率贡献了极大的力量。

从某种意义上来说，青少年之所以沉迷网络游戏，其原因与父母关系密切。现实生活中，很多成年人都不知不觉间成为低头族。他们不管是在上下班的路上，还是在陪伴孩子的时候，抑或在带着孩子外出旅行的途中，都捧着电子设备自娱自乐，而忽略了与孩子互动。有个心理学家进行了相关实验，即召集一些抱怨孩子喜欢玩网络游戏的父母进行家庭旅行。在旅行的途中，父母顾自玩手机，孩子顾自玩平板，互不打扰，看起来一片祥和。看到此情此景，心理学家当即号召家长们放下手机，开展互动性很强的游戏。心理学家并没有特别邀请孩子们，目的在于观察孩子们能否主动放下平板。结果证明，当看到家长们在一起快乐地玩游戏时，有些孩子主动放下平板，要求参与游戏。这充分证明孩子们并非真的只喜欢沉迷游戏，而是因为现实生活中没有更加有趣的事情吸引他们的注意力。**作为父母，如果能够在陪伴孩子的时候放下手机，想方设法调动起孩子的积极性使其参与现实的互动，那么非但能提升亲子互动的质量，也能帮助孩子远离网络游戏，还能在增进亲子感情的同时潜移默化地教育和引导孩子，可谓一举数得。**

只要孩子对真人互动保持兴趣，就不算是真正地沉迷网络游戏。与互联网相比，孩子们其实更喜欢心联网。既然如此，父母不要再抱怨孩子沉迷游戏了，而是要创造更多的机会和孩子亲密相处，频繁互动。对于很多孩子而言，他们之所以沉迷网络游戏，是因为没有机会参与现实生活中的正常游戏。在这种情况下，他们参与游戏的需求得不到满足，就只能转向虚拟的网络世界。有些孩子还会主动要求父母陪着自己一起玩，但是却被父母以各种理由拒绝了。长此以往，孩子就失去了与父母互动的兴致，开始模仿父母的样子只顾盯着手机或者电脑。

成 长 加 油 站

进入青春期，孩子的身心快速发育。作为父母，一定要抽出时间多多陪伴孩子，这样既能帮助孩子感受到生活的快乐与满足，也能够帮助孩子消除学习带来的疲惫和乏味，还能增进亲子关系，加深亲子感情。一切形式的家庭教育，归根结底都要以良好的亲子关系和顺畅的亲子沟通为基础，唯有如此，才能顺利贯彻和执行。如果父母与孩子之间无法顺畅沟通，关系疏远，感情冷漠，那么家庭教育必然出现严重的问题，也会阻碍和影响孩子健康快乐地成长。尤其是青春期孩子正值初高中紧张忙碌的学习阶段，他们除了需要获得充足且均衡的营养以保证身体健康成长，更需要获得父母发自内心的关爱与呵护，还需要得到父母的情感滋养和精神支持，才能顺利度过青春期的学习阶段。

总之，青少年爱玩游戏并非单独的个例，而是普遍的社会现象。随着网络的普及，青少年爱玩网络游戏的问题也将更加凸显出来。从父母的角度来说，最担心的莫过于沉迷游戏会影响学习，损害视力健康。其实，大多数父母都不知道的是，青少年还没有形成稳定的价值观念和人生观念，因而很容易在充满暴力和血腥的游戏中受到不好的影响，产生心理问题。正如人们常说的，陪伴是最长情的告白，作为真爱孩子的父母，一定要多多陪伴孩子。从孩子的角度来说，当因为生活和学习中的一些问题感到迷惘和困惑时，与其浪费宝贵的时间于虚拟的游戏，不如主动和父母聊聊天，把自己的感受和体会告诉父母。**当父母与青春期孩子之间形成互相尊重、平等对待的良好关系时，相信哪怕只是茶余饭后的闲聊，也能滋养孩子的心灵，使家庭教育得以平稳有序地推进。**

总之，只有和谐稳定的关系，才是青少年在成长过程中面对各种社会现象的防火墙。有心理学家发现，在家庭生活中，亲子关系越是糟糕，孩子越是会沉迷于网络游戏无法自拔。相反，在那些关系融洽、其乐融融的家庭里，孩子则身心健康，幸福满足，更愿意与父母互动。简而言之，在一定程度上，亲子关系决定了孩子的发展，也是孩子身心健康成长的重要保障。

小贴士

游戏满足了青少年的心理需求：即时反馈、成就感、掌控感、社交归属、逃避现实压力。理解这些深层原因比单纯指责有效。帮助孩子找到现实生活中的替代满足点，共同制定合理游戏规则，培养其自律习惯，关注其现实中的情绪和压力源。

从心理学角度分析青少年的行为问题

当青少年严重依赖网络时，这种行为就会被问题化，甚至被诊断为精神疾病。然而，这并不意味着我们能简单粗暴地给青少年的行为问题贴上标签，使其问题化。我们要从发展的角度，与时俱进跟紧青少年成长的节奏和脚步，继而把青少年的行为正常化。当青少年处于非正常时期时，他们很有可能做出应激反应。对于处于特殊时期的他们而言，这种应激反应是正常表现，是他们对外部环境的回应。例如，在某个地区经历了大地震之后，很多人都出现了心慌意乱、紧张恐惧、胸闷出汗等症状。这些表现尽管很符合焦虑症的症状，但是我们却不能把这些表现定位为焦虑症，因为有这些表现的人刚刚经历了大地震。从这个角度来看，当青少年受到不良刺激之后做出了一些应激行为，我们也不能将其问题化，而是要将其定义为异常情况下的正常反应。

在青春期，孩子受到荷尔蒙的影响，情绪很容易激动，起伏不定。又因为他们还没有形成成熟的价值观念体系、是非观念体系，所以在应对各种外部的不良刺激时，他们并不能第一时间做出正确的应对。在成人眼中，很多事情都是正常的，很多问题也都不值一提。但是，同样的事情和问题对于青少年而言也许就是至关重要的，还有可能成为他们迈不过去的坎儿。例如，在家庭生活中，当父母之间因为一些事情而争吵不休，导致夫妻关系破裂时，青少年就会逃避家庭，放学之后去网吧玩游戏等。青少年情窦初开，对异性产生了懵懂的好感和亲近的欲望，在这个关键时期，他们对爱情充满渴望，满怀憧憬。在此期间，如果父母双方有一人出轨，背叛配偶和家庭，那么孩子很有可能受到沉重的打击，导致对爱情感到失望和恐惧，这甚至会影响孩子长大成人之后的婚姻观和家庭观。在沉重且强烈的失望下，孩子也有可能逃避到网络游戏中，以求暂时忘记内心的愤懑和不满。

对于大多数青少年而言，学习也许是他们面对的最大问题和最难问题。每当学习表现不佳或者是考试成绩不理想时，父母就会以各种方式表达不满，或者是激励孩子，殊不知，这对于孩子而言是巨大的压力。尤其是在进入高中阶段的学习后，很多都不像在初中阶段的学习那么轻松容易，原本在初中阶段出类拔萃的孩子也被很多更优秀的同学淹没，这使得他们面临着学习成绩和存在感的双重危机。**父母要坚持理解、包容孩子，而不要一味地对孩子提出更高的要求和更迫切的期望**。孩子不是学习的机器，他们也会感到辛苦和疲惫。父母唯有当好孩子最后的防线，也成为孩子最值得信任的人，给予孩子永远不变的爱与支持，才能陪伴在孩子身边一起度过艰难的学习阶段，经受学习的洗礼和磨炼。这样一来，孩子就不会因为对学习感到厌倦而逃到网络游戏中。

总之，不管是父母还是老师，都要避免给孩子的某个问题贴上负面标签，更不要粗暴地定义某个孩子有品质问题。**只有关注行为背后隐藏的心理动机和心理机制，我们才能透过现象看本质，洞察孩子真实的内心状态，也给予孩子他们需要的尊重、理解、引导和帮助**。

成长加油站

心理学家提出，当一个人无法以正常方式得到想要的关注与爱时，他们就会试图以异常的方式获得满足。在儿童时期，有些孩子之所以表现得顽皮捣蛋，恰恰是因为他们想要吸引父母的注意。在进入青春期之后，孩子显然不屑于继续以调皮捣蛋的幼稚方式赢得父母关注了，为此他们改变了方式，开始沉迷游戏。尤其是在那些经济条件好的家庭里，父母往往忙于赚钱而忽略孩子，却给予孩子大量可支配的金钱，让孩子在金钱上富足，在感情上匮乏。为此，孩子挥霍父母提供的金钱，每天出入网吧，满口网络脏话，把自己变得极其糟糕，以此吸引父母的关注。还有些孩子动辄和父母争吵，因为对于他们而言，争吵也是难能可贵的沟通。只有意识到孩子的心理需求之后，父母才会幡然醒悟，孩子之所以以扭曲的方式和父母沟通，也以扭曲的方式成长，恰恰是因为父母的失职。

不管是在儿童时期，还是在青少年时期，很多孩子的行为其实是在表达内心的诉求。有些年纪小的孩子每当妈妈出差就生病，只要妈妈回来就痊愈；有些青少年只要三天不挨骂就得意忘形，在被父母批评一通之后反而偃旗息鼓，表现良好。可见，孩子的行为与心理有着密切的关系，而一切的心理疾病都蕴含着深刻的意义，必须得到准确到位的解读。

从这个意义上来说，**青少年的一切行为问题其实都是他们在心理发育过程中未被满足或者未被积极回应的需求。**父母唯有意识到这一点，也积极地满足孩子被忽视的需求，才能从根源上解决问题。正如人们常说的，心病还须心药医，解铃还须系铃人，正是这个道理。

以一个常见的儿童疾病为例，我们就会知道心理影响对孩子的作用多么强大。很多父母都为孩子患上哮喘反反复复无法痊愈而倍感苦恼。他们也许测了过敏原，也找到权威的专家对孩子进行治疗，但是收效甚微。从本质上来说，哮喘是一种身心疾病，既会表现出病理性特征，也会表现出心理性特征，既属于身体疾病，也属于心理疾病。在很多家庭里，父母特别强势，总是对孩子严厉斥责，使孩子总是生活在恐惧中。每当受到父母不公平的对待，他们就既害怕又愤怒，但是他们不敢表达自己的愤怒，只能把愤怒压抑在心中。长此以往，他们就无法正常地表达了，如同哑巴吃黄连一样有苦说不出，更不可能表达内心的委屈和愤懑。长此以往，他们就会患上不明原因的哮喘，久治不愈。这里之所以说是不明原因的哮喘，因为大多数治疗身体疾病的医生不会考虑到孩子患上哮喘的心理因素。其实，这种因为压力和长期压抑导致的哮喘，与纯粹过敏引起的哮喘最大的不同在于，孩子一旦被压抑就会发作哮喘。所以，作为父母不妨观察孩子诱发哮喘的原因，看看孩子是在外出游玩接触花粉之后才诱发哮喘的，还是在被父母严厉训斥、委屈却不敢哭出来之后才诱发哮喘的，这样就能对症治疗。

在成长过程中的不同阶段，孩子有不同的心理需求和行为表现。**作为父母，除了要为孩子提供物质需求外，也要关注孩子的心理需求和情感需求，这样才能让孩子身心健康地成长。**在进入青春期之后，孩子各方面的能力都得以增强，他们不再像小时候那样，需要得到父母无微不至的照顾以满足生理需求，因此父母要转变养育孩子的重心，更要关注孩子没有说出口的各种需求，给予孩子及时的帮助和关爱。

小贴士

青少年的"叛逆""冲动"等行为往往是心理发展或未满足需求的信号。家长应尝试理解行为背后的心理动因，而非只看表面。沟通时聚焦感受和需求，而非指责行为本身，引导他们用更建设性的方式表达。

青少年的文化心理分析

青少年群体是社会的重要组成部分，因此针对青少年群体的文化心理分析是必不可少的。随着国门打开，西方思潮的涌入，社会的不断发展，青少年的文化处于快速发展和变化之中。近些年来，很多学者对青少年文化的各种现象，诸如漫画迷、粉丝文化、网络文化等进行了相关研究，然而，其中的正面分析比较少，而负面研究占比很大。这些研究尤其看重青少年文化的社会影响。需要注意的是，由青少年群体主动创造和传播的青少年文化，只是一种青少年群体心理表达的文本。对此，著名心理学家霍尔提出，青年人自我表现的途径就是青少年文化。因此，我们应该通过解读青少年文化的文本，对青少年进行引导，这种方式必然卓有成效。

在漫长的历史长河中，青少年文化只在极其短暂的时间里是极端的，反叛的，而在大多数时间里，都以独特、丰富、新颖、多元且温和的方式呈现出来。这形成了青少年文化积极且独特的特点，也使青少年文化为社会所认可和接受。青少年文化一直在发展，逐渐走向成熟。在此过程中，青少年群体始终坚持尝试新的生活方式，也始终坚持探索现实生活和广阔世界。曾经受到青少年追捧的粤语歌曲，如今已经成为广泛为人接受的励志歌曲；曾经登不上大雅之堂的街舞，如今得到更多人的喜爱，也成为了热爱舞蹈人士的新选择。

青少年涉世未深，迫不及待地进行自我认知，也想要探索和了解社会。为此，他们只能以自己的方式构建精神世界和价值体系，最终形成适合他们的文化生活。

现代社会，虽然青少年文化依然表现出独特的时代特色。换言之，每个时代的青少年都有独属于自己的青少年文化。心理学家温勒认为，青少年没有足够的安定感，很容易情绪波动，焦虑紧张，也常常以青少年文化对抗主流文化的方式获得安定感，所以可以把他们定义为边缘人。其实，这与青少年要对父母实现精神断乳有着相似之处，可以称得上是青少年群体与社会的精神断乳。**对于青少年而言，与父母实现精神断乳意味着他们作为生命个体的成长；对于青少年群体而言，与社会实现精神断乳则意味着他们作为生命群体的成长。**不管是独立的青少年个体，还是整合的青少年群体，都必然要经历这个成长的过程，其深远意义在于唯有如此，才能更持久地与父母、与社会保持情感的联系。只有经历分离，我们才能真正成长，最终以独立的姿态体验生命的意义。

成长加油站

只有从文化心理上挖掘青少年的心理疾病和行为问题的原因，才能最终找到最合适的方法有的放矢地解决问题。在青少年文化背后，隐藏着青少年群体的心理需求，也综合了各种因素的影响和作用。

毫无疑问，当代青少年的文化与网络密切相关。有些父母每当听到孩子脱口而出令他们感到陌生和无法接受的网络用语，甚至是网络上流行的脏话时，他们常常感到苦恼和困惑，不知道如何应对这样的情况。其实，把虚拟的网络与现实的世界糅合起来，恰恰是当代青少年文化的重要表现形式之一。**为了消除与孩子之间的代沟，也为了增进与孩子的沟通，父母要适度关注和学习网络流行语，这样才能避免在和孩子沟通时鸡同鸭讲，对牛弹琴。**对于青少年群体中流行的各种书籍，父母也要积极地接触和了解。例如，前几年《流浪地球》上映时，在青少年群体中掀起了科幻小说热。很多孩子都在阅读《流浪地球》《三体》《银河帝国》等科幻小说，他们还会利用各种机会进行交流，开展深入的讨论。如果父母能够和孩子同步阅读相关的书籍，那么自然会与孩子多一些共同话题，从而有助于促进亲子沟通。

总之，在家庭教育中，不管孩子出现怎样的行为问题，父母作为亲子关系的主导者和家庭教育的实施者，都要积极地寻找问题的根本原因，也针对根本原因有的放矢地采取措施，开展行动，解决问题。

小贴士

青少年深受流行文化影响，这既是他们融入同辈群体、表达自我的方式，也塑造着其价值观和身份认同。父母应保持开放心态，尝试理解其文化偏好背后的意义，而非全盘否定。在尊重的基础上，引导他们辨别文化中的积极与消极元素。

青少年为何讨厌被比较

在家庭教育中，很多父母都进入了一个误区，即孩子永远都是别人家的好。为此，他们肆无忌惮地把自己家的孩子与别人家的孩子进行横向比较，最终得出的结论是自己家的孩子比不上别人家的孩子，为此自己家的孩子必须加倍努力，才能缩小与别人家孩子的差距。更糟糕的是，他们特别吝啬夸赞自己家的孩子，更不会有意识地积极评价自己家的孩子，仿佛担心夸赞会使自己家的孩子被夸得不知道天高地厚一样。

现代社会，成年人生存压力前所未有的大，几乎每个人都面临着激烈的职场竞争，每天都过着提心吊胆的生活，生怕自己会被他人取代，也会被时代抛弃。无形中，父母就会把成人世界里的压力转嫁到孩子身上，望子成龙，望女成凤，决不允许年幼的孩子有任何松懈。当孩子从考试不及格到考试及格，父母会给予孩子大大的认可和奖励；当孩子上次考了第一名，而这次只考了第二名时，父母很有可能会批评指责孩子，甚至狠狠地揍孩子一顿，理由是孩子退步了。不得不说，这是教育孩子的大忌，也是一种特别消极悲观的教育思维。毫无疑问，这种不良的教育方式会对孩子产生负面影响和作用。大多数孩子都想不明白为何学习差的学生有进步能得到奖励，而学习好的学生有小小的成绩波动就会遭到指责和否定。渐渐地，孩子就会认为拼尽全力考取好成绩不是一件好事情，因为这意味着他们进步的空间越来越小。父母唯有转变教育的观念，才能避免对孩子形成误导。

明智的父母从不对孩子进行横向比较，尽管横向比较是最容易的，也是最能刺激孩子的。遗憾的是，这种简便易行的比较方式只会给孩子带来不好的刺激，尤其是当父母以自家孩子的短处与别人家孩子的长处进行比较时，这种不好的刺激产生的负面作用会更加明显。俗话说，金无足赤，人无完人。作为父母，一定要看到孩子的优势和长处，也要努力挖掘孩子身上的闪光点。很多父母压根看不到孩子的优势，在他们眼中，孩子始终一无是处，不值一提。其实，这是因为父母形成了思维定势，他们不管什么时候都只想着要发现孩子的劣势和短处，从而提出对孩子的要求和期望，让孩子努力完善劣势和不足，变得更加优秀。常言道，好孩子都是夸出来的，可想而知这些只知道否定和打击孩子的父母，必然培养不出真正优秀的孩子。

———————★

　　周日，小梦难得在家休息。吃午饭时，妈妈摆上一桌子丰盛的饭菜，既有小梦爱吃的大闸蟹、红烧肉，也有小梦喜欢吃的可乐鸡翅、麻辣香锅等。想到小梦半个月才有时间回家休息一天，妈妈恨不得给小梦准备满汉全席，以弥补小梦住校期间在饮食上的亏欠。

　　小梦拿起一个大闸蟹正在啃着，妈妈突然说道："小梦，我看你上次周测英语才考了90多分，对于满分150分的试卷而言，这个成绩也就相当于刚刚及格了。"小梦顿时感到兴致索然，不过她还是继续啃着大闸蟹，说道："这次的阅读理解，我遇到了很多陌生的单词，接下来要好好积累单词了。"妈妈仿佛没看出小梦的情绪变化，继续说道："是啊，是啊，到了高中阶段，其实语法都学得差不多了，英语拼的就是单词的积累。谁认识的单词多，谁考试就占优势。上个周末我去菜市场买菜，遇到了你们班亚宁的妈妈。听说，亚宁上次周测考了120多分呢，简直太厉害了。我羡慕的呀……"这个时候，爸爸看出小梦的脸色异常，赶紧以眼神示意妈妈打住，妈妈却正在兴头上，根本不理会爸爸的示意，只想借此机会提醒小梦好好学习英语，好好向亚宁学习。

　　小梦扫兴地放下螃蟹，说道："的确，亚宁英语成绩很好。不过，亚宁妈妈一定没有告诉你吧，亚宁的数学才考了80多分。你也一定没想到吧，我的数学考了130多分。当然，我要是英语考得和数学一样好，你肯定更高兴，可惜我暂时做不到，未来也不确定能否做到。"说完，小梦胡乱吃了几口饭，就回房间里闭门不出了。看着满桌子丰盛的菜肴，小梦却没吃几口，爸爸忍不住责怪妈妈，妈妈也后悔莫及。

青春期孩子内心敏感脆弱，情绪容易波动，又承受着巨大的学习压力，所以，他们最反感的就是被父母拿着自己的缺点与别人家孩子的优点比较。对于父母而言，总是挑剔苛责孩子已经成为社会现象，能够真正做到认可孩子与赏识孩子的父母堪称凤毛麟角。

成 长 加 油 站

作为父母，只需要换个角度看待问题，马上就能理解孩子的反感和抗拒。大多数父母在把孩子进行横向比较时，从未反思过自己作为父母是否是出类拔萃的。有些父母本身学历不高，在工作中的表现也不好，却偏偏要求孩子成为学霸，将来出人头地，这对孩子而言当然是不公平的。试问，如果孩子也把自己的父母与别人的父母进行比较，如父母越是没文化，孩子越是把父母与别人家高学历的父母作比较，那么父母作何感想呢？父母越是挣不到多少钱，孩子越是把父母与别人家高收入的父母作比较，那么父母又作何感想呢？既然孩子很少把自己的父母与别人家的父母比较，那么父母也要做到不把自己的孩子与别人家的孩子作比较。每个人的成长都受到很多因素的综合影响和作用，例如原生家庭、先天条件、后天接受的教育、性格因素、父母提供的助力，等等，都会影响孩子的学习表现和人生成就。作为父母，要知道孩子的成功绝非主观意志和一己之力的结果，以更加尊重、理解和包容的态度对待孩子。

当对孩子某些方面的表现不满意时，父母要突破传统教育观念的束缚，避免总是把责任归于孩子，而是要主动反思自己，思考自己能够为孩子做些什么，从而起到帮助孩子的作用。教育孩子，切勿遵循"没有最好，只有更好"的理念，因为孩子从不是学习的机器，更不是父母比较的资本。父母唯有全然接纳孩子，发自内心地尊重孩子，才能真正做到陪伴孩子一起成长，才能以包容、理解激励孩子成为更好的自己。

小贴士

比较会严重打击青少年正在形成的自尊，让他们感到不被接纳、不被爱。每个孩子都是独特的个体，有其成长节奏和优势。请关注孩子自身的进步，欣赏其独特性，给予无条件的爱和具体的肯定，而非将他们置于与他人竞争的焦虑中。

火眼金睛，发现孩子的闪光点

得知著名教育专家要来本市开讲座，很多家长都闻讯赶来，只想从专家这里取得真经，把孩子教育得更好。出乎他们的预料，专家并没有分享父母们所渴望得到的教育"圣经"，而是询问在场的家长们："各位家长们，下午好，在讲座刚刚开始之际，我希望你们认真思考，说出孩子的五个优点。"听到专家的这个问题，台下的家长们都愣住了，他们之中的很多人都默默地想道：即使让我说出孩子的五十个缺点，我也能"如数家珍"，但是让我说出孩子的五个优点，这可真是难倒我了，不是我嘴巴笨，而是我家孩子真的没有优点啊！

教育专家仿佛看出了家长们的为难，在给了家长们一分钟思考时间之后，让几个家长站起来大声说出孩子的五个优点。结果，那几个家长绞尽脑汁也只是说出了孩子的两三个优点，更糟糕的是这如同挤牙膏一般说出来的两三个优点都是很空洞的，并没有实际意义。专家笑着说："我知道在座各位都认为我是在刁难你们，因为在你们的心中，孩子根本没有优点。"家长们都发出会心的笑声，专家皱着眉头说道："各位家长，你们有没有想过，不曾发现孩子的任何优点恰恰是你们不会教育孩子，也教育不出优秀孩子的根本原因。"

专家的话一针见血地指出了现代社会家庭教育的弊病，即父母们压根没有发现孩子的闪光点，更不知道如何引导孩子发挥优点，成就未来。尽管金无足赤，人无完人，但是这绝不意味着孩子只有缺点，没有优点。事实证明，每个孩子都既有优点，也有缺点，既有长处，也有不足。面对专家的询问，父母们张口结舌，根本原因在于父母们不善于发现和挖掘孩子的闪光点，也在于父母总是怀着挑剔和苛责的态度对待孩子。也有一少部分父母不好意思表扬孩子，或者担心表扬会让孩子得意忘形，忘乎所以。

那么，青春期孩子会有哪些优势和闪光点呢？我们接下来抛砖引玉，希望能启迪父母们在表扬和鼓励孩子方面缺乏的灵感，帮助父母们从批评和否定孩子，真正转化为表扬和认可孩子。

成长加油站

孩子心地善良，善于体察他人，也能对他人产生共情和共鸣，所以孩子人缘特别好，在班级里有很多好朋友，与其他班级的同学也能做到友好相处。前段时间，班级里有个同学不小心脚踝骨折，孩子主动联合其他几个同学一起组成了帮助小组，帮助这个同学每天上楼下楼、吃饭如厕，虽然牺牲了一些休息和娱乐时间，但是赠人玫瑰，手有余香，相信孩子因此收获了更为真挚的同学情谊，也借此机会形成了乐于助人的品德，是值得赞许的。

在班级里，孩子的学习成绩虽然不是最好的，但是他的学习习惯是最好的，而且拥有很强大的学习内驱力。他每天都能坚持做好该做的事情，不需要父母提醒，更不需要老师督促。即使有的时候身体不舒服，也坚持做到今日事今日毕。有段时间，学校里作业很多，要到很晚才能完成，即便如此，他也坚持在完成所有作业之后进行半个小时的背诵。我相信凭着这份坚持和努力，孩子一定能考入理想的大学。我们无须与那些既有天赋又勤奋刻苦的学霸相比，只要孩子坚持努力，实现目标，就是最好的结果。

孩子善于时间管理，充分发挥每一分每一秒的价值。而且，孩子对待任何作业都很认真，绝不存在潦草和敷衍了事的情况。为此，孩子的课堂笔记赏心悦目，孩子的课后作业字迹工整，卷面整洁。

......

正如一位名人所说的，世界上并不缺少美，缺少的只是发现美和欣赏美的眼睛。我们也要说，孩子身上并不缺少闪光点，缺少的只是善于发现闪光点的父母。作为父母，切勿只是从形式上坚持赏识教育，否则效果大打折扣。**父母唯有从实质上坚持赏识教育，努力发掘孩子的优势和长处，也发自内心地赏识孩子，赞美孩子，才能践行赏识教育，也获得理想的结果。**当父母发自内心地为孩子感到骄傲和自豪时，孩子就会具有强大的内心力量，争取在很多方面做得更好，表现更加出色。

对于青春期孩子而言，他们的优势绝不只体现在学习方面，所以父母对孩子的要求和希望也不应该只局限于学习表现和学习成绩。诸如拥有感恩之心，懂得感恩；拥有同理心，能设身处地为他人着想；做事情积极主动，能够坚持到底；富有热情，乐于助人；非常勇敢，胆大心细等都是孩子的闪光点，也正是坚持应试教育的父母容易忽略和轻视的优点。**在现代社会中，一个人只有高智商很难获得成功，也要拥有高情商，在综合素质方面表现出色，才能获得真正的成功。**所以父母既要督促孩子努力学习，也要看到孩子学习之外的各种闪光点，这样才能全面看待孩子，真正做到赏识孩子。

小贴士

积极关注是塑造优秀品格的关键。刻意练习去发现孩子微小的优点、努力和进步——不仅是学业成绩，还有善良、坚持、创意、幽默感等。真诚具体地表达你的欣赏能极大增强孩子的自我价值感和内在动力。

避免对青少年进行内疚教育

在一个视频里，一位抑郁症患者分享了自己与抑郁症抗争的经历，也提到了自己在原生家庭里接受的内疚教育。她说："内疚教育是父母对孩子最大的伤害，让孩子始终对父母心怀亏欠。"从心理学的角度来说，这句话很有道理，理应对更多的父母起到警醒作用。时代发展至今，教育的观念持续更新，依然有很多父母在对孩子开展内疚教育，使孩子始终认为自己是父母的拖累，是亏欠父母的。那些性格大大咧咧的孩子或许能挣脱这样的情感枷锁，而那些性格敏感胆怯、对父母心怀感恩的孩子则会因此承受巨大的心理压力，也会使父母的付出变成他们人生的枷锁。

很多心理医生在对青少年进行心理疏导时，都发现青少年产生了强烈的愧疚感。他们因为学习成绩不好，没有达到父母的期望而感到愧疚；他们因为与父母争吵，没有顺从父母的意愿而感到愧疚；他们因为自己降临人世，给父母增加了生活的负担，使父母更加辛苦才能养活他们而感到愧疚。为此，他们常常在心理医生面前痛哭流涕。面对这种情况，心理医生只能纠正孩子"我不该降临人世""我没有达到父母的要求很失败"之类的错误想法。心理医生把孩子当成独立的生命个体，消除孩子心里对父母的亏欠感和愧疚感，引导孩子成为独立的自己，而非父母的附属品或者私有物，这样才能消除孩子的愧疚感，让孩子认识到自身存在的合理性，也让孩子得到作为独立生命个体应受到的尊重和平等对待。

一位合格的心理医生不该成为父母的帮凶，所以切勿顺着孩子的话，告诉孩子他出生在现在的家庭里，拥有现在的父母很幸运。虽然通过激发孩子的内疚感，能够更有效地让孩子改变不良行为，但是这依然剥夺了孩子作为独立生命个体的尊严和存在的价值。

在青春期，孩子的人格发育还不够健全，心智发育也不够成熟，所以他们很容易受到父母的影响，形成错误的想法和观点。这是因为孩子特别信任父母，也与父母最亲近。作为父母，要知道父母并没有征求孩子的意见就生下了孩子，所以父母养育孩子是责任，也是义务，唯独不是对孩子的付出。当父母把养育孩子都归结为对孩子的付出，孩子就会产生对父母的亏欠感。更可怕的是，现代教育中，不但父母在培养孩子对父母的亏欠感，很多老师也在培养孩子对父母的亏欠感。需要注意的是，培养孩子对父母的亏欠感与引导孩子尊重父母是不同的。有些老师说起父母对孩子的养育之恩，往往说得孩子涕泗横流，还会哭着向爸爸妈妈表达感谢，表示歉意，并且承诺以后要孝敬父母，给父母洗脚，为父母端茶倒水。可以说，这超出了正常的教育范畴。要想引导孩子尊重父母，只要告诉孩子父母是长辈，和长辈说话要使用礼貌用语即可。其实，如果孩子在父母的关爱与呵护中长大，他们自然会以积极的方式回应父母的关爱与照顾。直到有一天长大成人，孩子也会因为父母履行了养育孩子的责任，而履行赡养父母的义务，这不是亏欠感驱使的结果，而是双向付出，双向奔赴。

作为单亲妈妈，江月总是对儿子小北进行内疚教育。从小，她就当着小北的面念叨："小北，你爸爸不要我们了，但是我作为妈妈不能不要你。放心吧，为了你，妈妈不会再结婚的。你都已经没有爸爸了，妈妈不会再让你没有妈妈。"小北虽然不能完全听懂妈妈的话，但是却在半懂不懂之间哭得满脸泪水。他常常抱着妈妈的脖子，贴在妈妈的耳朵上说："妈妈，谢谢你，我会好好学习回报你。"

一年又一年，小北渐渐长大，成为了初中生。也许是学习的难度大了，也许是因为贪玩，小北进入初中之后学习成绩很一般。妈妈总是苦口婆心地对小北说："小北，你可要认真学习啊，不然就太对不起妈妈了。自从和你爸爸离婚，到现在已经六年了。为了你，我一直没有再结婚，就是怕你受委屈。妈妈唯一的希望就是你能好好学习，将来妈妈能跟着你享福。"妈妈的话使小北感到特别内疚。在又一次考试名落孙山后，小北索性留了一封信离家出走。在信里，他对妈妈说："妈妈，对不起，我让你失望了。我很担心你一直为了我不结婚，但是我又没有好成绩回报你。我走了，你该结婚还是结婚吧，我祝你幸福。儿子让你失望了，给你磕头谢罪，来生再报答你。"看到小北的信，妈妈急疯了，赶紧报警，又发动亲戚朋友四处寻找小北，最终在一个大桥上找到了正在犹豫的小北。妈妈死死地抱着小北说道："儿子，别吓唬妈妈，别丢下妈妈。"后来，妈妈带着小北去看心理医生，这才知道小北很长时间内都倍感煎熬，不知道如何面对妈妈。后来，妈妈也接受了心理医生的疏导和治疗。最终，妈妈重新建立了与小北的关系，再也不当着小北的面诉苦，让小北感到亏欠妈妈了。

在这个案例中，作为单亲妈妈的江月险些因为内疚教育失去独自辛苦养大的儿子。**其实，不管是单亲妈妈，还是双亲家庭里的父母，都要避免对孩子进行内疚教育，更不要让孩子认为自己亏欠父母。**父母养育孩子是天经地义的事情，孩子将来赡养父母也是天经地义的事情，何必早早地培养孩子的内疚感和亏欠感，让孩子备受煎熬和折磨呢。

成长加油站

父母，一定要把孩子当成独立的个体。从孩子的角度来说，则要在进入青春期之后审视自己与父母的关系，不要被父母强行灌输的内疚感和亏欠感所控制。哪怕父母没有意识到内疚教育对孩子的伤害，孩子也可以单方面摆脱愧疚感，当然前提是孩子要意识到健康的亲子关系是怎样的。总之，健康的亲子关系需要父母与孩子共同努力去构建。

还有父母会把自己人生的遗憾或者是没有实现的理想交付给孩子，强求孩子代替他们实现理想或者弥补遗憾。对于孩子而言，这是很不公平的。**孩子从来不是父母实现理想和弥补遗憾的工具，父母有父母的人生，孩子有孩子的人生，父母的人生与孩子的人生是不能混为一谈的。**在这个世界上，即使父母与孩子之间有着最亲近的血缘关系，父母也要在自己的人生与和孩子的人生之间保持合理的边界。父母唯有拥有足够强大的心理资本，表现得身心健康、情绪稳定、通透豁达，才能允许孩子表现出自己最真实的模样。如果父母缺乏心理资本，表现得缺乏安全感、情绪焦虑、患得患失，那么孩子就会迫于无奈而隐藏真实的自己。

青少年时期是个体成长的关键阶段，了解他们的心理特点并觉察潜在的心理问题，对促进其健康成长至关重要。通过深入探讨自我同一性、互联网教育的影响、游戏沉迷的根源、行为问题的心理学解释以及文化心理特征，我们能更加全面地理解青少年的内心世界。同时，学会欣赏孩子的独特之处，避免内疚教育，是建立健康亲子关系的重要一环。让我们以更加包容和理解的心态，陪伴青少年走过这段独特而宝贵的成长旅程。

小贴士

"我这么辛苦都是为了你""你这样对得起我吗？"这类引发内疚的话语，短期之内可能会迫使孩子服从，长此以往却会损害其心理健康，使其产生沉重负担或逆反心理。教育应基于爱、信任和清晰的规则，引导孩子理解行为的自然结果，而非用情感勒索控制他们。让孩子感受到爱是无条件的。

第 二 章 02

从"自我中心"着眼，分析家庭教育之现状

Positive
psychology

青少年的自我中心

在青春期初期，孩子们迎来了人生中的第二次发育高峰。他们正值十一二岁，自我意识快速发展，促使他们发生了一次重要的觉醒。在此之前，孩子对于父母和老师表现出无条件服从和盲目崇拜的状态。在此之后，孩子们越来越重视自我权威，而试图摆脱父母的管教和约束，也试图挑战老师的权威角色。正是因为如此，父母和老师才都会在说起青春期时如临大敌，毕竟他们深知青春期孩子的具体表现是怎样的，其内心的矛盾和冲突又有多么激烈。

进入青春期，孩子开始追寻人生的意义，也开始思考自己的存在究竟有怎样的价值。他们很容易情绪波动，每当外部世界的人或者事情给予他们小小的刺激，他们的情绪就会高涨或者消沉。他们自认为正站在舞台中间接受聚光灯的照射，也想当然地认为所有人都把目光聚焦在他们的身上。其实，这些都只是他们的想象而已。现实的情况下，每个人都忙于自己的生活，根本无暇关心他人。然而，以自我为中心形成的错觉使青少年魂不守舍，忐忑不安，他们迫切渴望得到所有人的接纳、认可、喜欢与赞美。当然，作为成年人的我们很确定，没有任何人能得到所有人的认可与喜爱。

———⭐

清晨，如同花朵般绽放的少女穿着心爱的白色连衣裙去学校，在路上却不小心摔倒了，所以连衣裙的下摆有了一块小小的污渍。女孩冲动地想回家换一件干净的衣服，却发现时间根本来不及。最终，她选择容忍污渍的存在，而坚决不能迟到。然而，整整一天她都很担心，害怕有同学看到她穿着脏兮兮的连衣裙去学校。放学路上，她忍不住问好朋友："你看到我的连衣裙脏了吗？"好朋友一头雾水地摇摇头，说："没有啊，压根没发现。"少女这才如释重负，赶紧解释连衣裙为何脏了，但是好朋友却兴致勃勃地说起另一个话题。

傍晚，几个男生一起在篮球场打篮球。小苏投篮的时候一个趔趄，险些摔倒，他马上面红耳赤，生怕遭到别人的嘲笑。他心烦意乱地看向其他队友，发现大家都在忙着继续打球，又观察路过的女生们，发现压根没有女生看向篮球场。不过，刚刚过去的恰巧是同班女生柳林，她是否会看到我刚才出糗的样子呢？小苏不确定，因而追赶上柳林，问道："嗨，柳林，我刚才投篮差点儿摔倒，让你见笑了，你可别告诉班级里的其他同学啊。"柳林惊诧地看着小苏，说道："不好意思，我今天没戴隐形眼镜，你要是不跟我说话，我都认不出来是你。"小苏尴尬极了，一边挠了挠头，一边尴尬地笑着跑开了。

从这两个片段我们不难看出，青少年不但以自我为中心，而且特别看重他人对自己的看法和评价。正是因为如此，他们常常因为自己的某句话说得不够好，某个行为很有可能招致嘲笑而心神不宁。他们没有想到的是，他们的同龄人也处于青春期，也会以自我为中心，所以很少会关注他人，更不会花费心思与他人互相观察和打量。由此可见，青少年眼中的旁观者只存在于他们的假想中。

成长加油站

从心理发展的角度来看，青少年正在经历自我意识的觉醒，所以必然会经历以自我为中心的独特阶段，也会表现出青春期的闭锁性。唯有如此，他们才会渐渐地走向成熟，从情绪不稳定变得情绪稳定，从内心不平衡变得内心平衡。在这个阶段，青少年固然关注他人的看法和评价，却也更多地关注自己的内心。这使他们常常陷入孤独的状态，认真且执着地进行自我反思，坚持自我认知与自我探索。

需要注意的是，面对假想出来的旁观者，青少年要有意识地调整自己的心理状态，否则就有可能产生社交焦虑，表现出一定程度的社交障碍。例如，有些青少年自认为性格内向孤僻，所以回避社交，由此越来越自卑；有些青少年则狂妄自大，总觉得自己正在舞台中央接受外人敬仰，为此表现得肆意张扬，特别夸张，因而招致他人的反感。不管属于哪种情况，青少年都要调整心态，保持不卑不亢、落落大方的状态与人相处。在人际交往中，尤其要学会换位思考，设身处地为他人着想。大名鼎鼎的发展心理学家罗伯特·凯根认为，归根结底，**自我中心的唯我性思维要转化成为平衡性思维，这要求我们引导青少年了解自身的需要，协调自身需求与他人需求之间的矛盾，学会设身处地为他人着想，这样才能在满足自身需求的同时，兼顾满足他人的需求。**

从某种意义上来说，青少年面临着内外交困的现状。从内心来说，他们面临着自我成长的各种难题和矛盾冲突；从外部来说，他们因为自我中心而面临着人际交往的困惑。为了健康快乐地成长，青少年要深入了解自己，理性思考问题，也要学会尊重和包容他人，为自己打造良好的成长环境，让自己身心健康地成长。在顺利度过自我中心这个特殊阶段后，相信青少年会变得更加成熟稳重，能够保持内心的平衡状态，实现自我认知、自我定位和自我发展。

小贴士

青春期认知发展使青少年更关注自我，以自我为中心，这是正常阶段，并非自私。理解这点有助于父母减少被冒犯感。同时，温和地引导他们换位思考、关注他人感受，参与家庭责任和公益活动，逐步发展社会视角。

成人要给青少年自由

瑞士著名心理学家让·皮亚杰提出了自我中心的概念，指的是在判断和行为中，婴儿表现出受到自身感情和需求强烈影响的倾向。这是因为婴儿只能凭着主观的感情思考情境、事物与人的关系，也只能凭着主观的印象推测他人的真实意图，从而对问题做出回答。这就是典型的自然状态下的自我中心主义。他认为，在18个月后，婴儿才会开始脱离自我中心，从而以其他事物为参考，了解其他事物之间的客观关系。很多细心的父母会发现，婴儿不能区分自己和外部世界，所以他们会惊喜地发现手的存在，而不知道手是长在他们身体上的重要组成部分。还有些婴儿会狠狠地抓挠自己的头部、脸部等裸露在外的部位，严重到把自己的皮肤抓挠得流血；也有的婴儿狠狠地揪着自己的头发不撒手，哪怕自己疼得哇哇大哭，也不知道是自己的行为导致了自己的疼痛。他们对自己凶狠的程度往往让父母瞠目结舌，对于婴儿而言，这是成长的必经历程。

在两岁前后，幼儿的自我意识开始萌芽，终于能够区分自己和外部世界了。而在进入青春期之后，孩子的自我意识进入快速发展阶段，这使得孩子不再满足于身体的独立，而是迫不及待想要摆脱父母的管教和约束，证明自己已经具备了独立的能力，也可以真正走向独立。这时孩子在最重要的精神断乳阶段——也就是青春期中最艰巨的成长任务。在这个阶段，孩子虽然不会再揪着自己的头发哇哇大哭，却也面临着很多困境。一方面，他们渴望独立；另一方面，他们心智发育还不成熟，性格也没有完全成型，所以他们依然需要依赖父母。这使得孩子对父母产生了两种截然相反的力量。前一种力量使他们主动离开父母的庇护，后一种力量又使他们不得不靠近父母，向父母寻求帮助和支援。

面对这样的矛盾状态，父母必须了解孩子处于青春期的身心发展特点。有些父母不知道孩子渴望独立，因而像孩子小时候一样恨不得牢牢控制孩子，结果遭到了孩子激烈的反抗。很多青春期孩子表现得特别叛逆，说话与父母针锋相对，做事与父母背道而驰，就是因为父母不曾给孩子相应的自由。作为父母，如果想缓解孩子在青春期的叛逆表现，那么就要看到孩子的成长，也要知道叛逆正是孩子成长的表现，所以及时对孩子放手，给予孩子他们可以独立做主的独立空间。如此一来，孩子还有什么必要与父母针锋相对呢？有些父母非常明智，他们即使想让孩子做出某种选择，也不会强制要求孩子，而是对孩子循循善诱，让孩子主动说出父母想让他们做出的选择。如此一来，该选择就摇身一变，成为了孩子的选择。试问，谁会故意与自己刚刚做出的选择较劲呢？具体来说，父母不要命令孩子，而要建议孩子；父母不要以疑问句质疑孩子，而是要以选择问句询问孩子。**即使孩子的想法与父母的想法不同，只要事情不会产生无法承受的严重后果，那么父母最好放手，让孩子按照自己的想法去做。**俗话说，不撞南墙不回头，青春期孩子正是如此。有些父母常常出于好心，或者是为了避免孩子受到伤害，或者是为了帮助孩子少走弯路，总是强行把自己的人生经验套用在孩子的人生上。结果，孩子非但不领情，还会变本加厉地反抗，其实他们反抗的不是父母的好主意，而是父母越俎代庖、试图掌控他们的态度。知道了孩子渴望独立的迫切需要，父母也就能理解孩子为什么在微不足道的小事上也要公然与父母叫板，以捍卫自己的主权和尊严了。

成长加油站

父母给青少年自由，除了要以建议的方式与孩子沟通，为孩子提供不同的选项之外，还要营造和谐民主的家庭氛围。父母要认可孩子作为家庭重要成员的地位，哪怕是做诸如买房、买车等重要决策时，也要召开家庭会议，正式征求孩子的意见。虽然大多数家庭会议都流于形式，但是有形式总比没形式好，至少能培养孩子的主人翁意识。很多父母抱怨孩子已经长大了，却依然对家庭事务漠不关心，其实是因为父母很少以民主形式征求孩子的意见。当然，父母最好能认真听取孩子的意见。青少年已经掌握了一定的知识，人生经验也更加丰富，此外，他们思考问题的角度很可能与成年人不同，所以他们提出的一些想法和建议还是很有创新性的，值得父母参考和借鉴。

需要注意的是，**父母给青少年自由时，要有合适的限度**。如果父母总是不愿意对青少年放手，也不给青少年自由，那么青少年必然像笼子里的小鸟一样拼命突围；反之，如果父母给予青少年过大的自由，超出了青少年能够驾驭和掌控的范围，那么青少年就会因为心智发育不成熟、思维能力有所欠缺、思考问题不够全面而出现纰漏，甚至犯下错误。父母养育孩子，恰如园丁养殖盆栽的植物，适时地给不断长大的植株更换大小合适的花盆，直到植株发育成熟、形态稳定为止。教养孩子也是如此，父母既要给孩子自由，又要把握限度，从而保证孩子茁壮成长。

小贴士

独立自主是青少年发展的核心需求。在保障安全和原则的前提下，父母可以逐步给予他们选择权、决策权和承担结果的机会。信任是基础，允许他们试错。适度的自由空间能培养孩子的责任感，增进亲子信任。

论家庭教育之重要

要想解决青少年的心理问题，就要从原生家庭入手，重视家庭教育。对于每个人来说，在漫长的成长过程中，必须要接受来自家庭、学校和社会的教育，这三个重要的教育组成部分缺一不可。新生命从呱呱坠地开始，就要在家庭中生存，接受父母无微不至的关爱与呵护，也受到父母言传身教的潜移默化的影响。有人说，父母是孩子的第一任老师。有人说，家庭是孩子生存的小小世界。由此可见，家庭教育对人的一生起到了关键作用，有着重要影响，也是人在生命历程中接受的最早教育。由此，我们说家庭教育是所有教育的基础，所有教育都要在孩子接受一定程度家庭教育的前提下展开。

如果说学校教育是系统地传授知识，有目的性地讲述做人的道理，社会教育是以实践的方式让人有所顿悟，那么家庭教育则是春雨润物细无声。新生命从降临人世的第一天起就开始接受家庭教育，有些准父母的教育理念很超前和先进，还会在孕育小生命的过程中进行胎教，这就更是大大提前了家庭教育。家庭教育并没有一定之规，父母主要以言行举止影响孩子。正如青少年犯罪心理专家李玫瑾教授所说的："最高级的家庭教育是不教而善。"这意味着父母无须刻意教授孩子什么，就能以言传身教让孩子变得品格高尚。对于孩子而言，家庭教育奠定了人生的基础，拉开了人生的序幕。如果孩子在家庭里受到了父母的积极影响，那么未来他们进入学校后就会成长得更加顺利。反之，如果孩子在家庭里受到了父母的负面影响，那么未来他们进入学校后就会成长坎坷，面对已经品德恶劣、养成坏习惯的孩子，学校和老师即使花费很大的精力进行纠正，往往也收效甚微。从这个意义上来说，**家庭教育在很大程度上决定了青少年能否形成健康的心理，又能否养成良好的习惯，也对学校教育和社会教育的效果起到了直接的决定性作用。**

现代社会中，大多数父母都陷入了教育焦虑之中，既希望孩子成龙成凤，也希望孩子拥有优秀的品质和良好的习惯。俗话说，十年树木，百年树人。无数教育的案例告诉我们，只对孩子开展教育远远不够，要想从根本上解决教育难题，最重要的是先教育家长。虽然这种观点是合理的，但是推行起来有一定的难度。目前，社会上并没有专门负责教育家长的机构或者组织。作为父母，要想更好地教育和引导孩子，就要积极地寻求合理的方式和途径。诸如，参加针对父母举办的各类教育讲座，购买关于家庭教育的各类书籍，向教育专家或者儿童青少年心理学家求教等。常言道，世上无难事，只怕有心人。对于父母而言，最大的问题并不在于缺乏接受教育和坚持学习的途径，而是绝大部分父母都没有自主提升教育水平的意识和观念。他们误以为随着孩子出生，自己就能自然升级成为父母，而不知道要想从生物学上的父母转化为社会意义上合格甚至是优秀的父母，他们必须坚持努力，不懈学习，才能随着孩子的成长"升级打怪"，提升层次。

近些年来，西方国家的很多心理学家越来越关注原生家庭对孩子的影响。李玫瑾教授通过研究青少年犯罪的众多案例，也发现大多数青少年犯罪者都有着不幸的童年生活，也有着糟糕的原生家庭。有心理学家提出，原生家庭对于孩子的负面影响，甚至会持续到孩子成年以后。有些孩子在不谙世事的时候经历了原生家庭的困境，虽然他们并不曾清楚地记得原生家庭对于他们的伤害，但是他们的内心深处却留下了难以磨灭的阴影和无法消除的伤痕。因此，父母一定要积极地构建幸福和谐的家庭，为孩子提供良好的生存和成长的环境。

成 长 加 油 站

家庭教育除了要求父母以身示范，对孩子言传身教，为孩子营造良好的原生家庭环境外，也要求父母相敬如宾，维护家庭的和谐与幸福。在很多家庭里，夫妻之间感情破裂，关系不可挽回，为了离婚争夺孩子或者财产闹得不可开交，毫无情分可言，这往往会深深地伤害孩子的心灵。试问，对于还没有完全成熟的孩子而言，世界上还有什么事情比目睹最爱的两个亲人彼此仇视，互相伤害更残忍的呢？对于没有孩子的夫妻而言，采取怎样的方式离婚都无可指责。但是对于已经有了孩子的父母而言，哪怕无法继续维持爱情和婚姻，为了孩子，也应该保持体面，选择和平分手，友好结束此前的婚姻生活。这样至少能让孩子相信他们依然拥有父母的爱，不会让家变得支离破碎。现代社会，因为经济快速发展，家庭面临的风险、诱惑和变数越来越大。当父母离婚，受到伤害最大的就是孩子，毕竟家庭是孩子赖以生存的整个世界。父母的相处模式、家庭生活的状况，都会影响孩子的爱情观、婚姻观等。作为父母，对待婚姻必须慎之又慎，尤其是在思考是否结束婚姻关系时，要把孩子放在第一位考虑，争取妥善安置孩子，以减少对孩子的伤害。

总之，家庭结构、家庭成员的相处模式、家庭运营的模式、家庭教育的方式等，都会影响青少年的心理发展。作为父母，对待孩子切勿专制粗暴、冷漠忽视，也不要娇纵溺爱、一味满足。父母首先要致力于提升自己的素质和涵养，才能提升家庭教育的水平，也让家庭教育对孩子起到巨大且深远的正面影响和积极作用。

小贴士

　家庭是品格塑造的第一课堂。父母的言行、家庭氛围、沟通模式比任何说教都更有力量。积极、温暖、充满尊重和信任的家庭环境，是孩子安全感、价值感和学习处理人际关系的基石。家庭教育重在"育人"，与学校"教书"相辅相成。

不可缺少的家庭游戏

俗话说，陪伴是最长情的告白。这句话不但适用于男人和女人之间的爱情，也适用于父母对孩子的养育。现代社会中，很多父母为了给孩子提供更好的生活条件，拼尽全力在社会上打拼。在这个过程中，他们渐渐忽略了孩子，或者把孩子交给保姆，或者把孩子交给老人，或者把孩子送进托管机构，或者把孩子送去农村和老人一起生活。毫无疑问，这些抚育孩子的方式都缺少他们本人对孩子的陪伴，不利于构建良好的亲子关系，更不利于加深亲子感情。当然，也有一些父母不管工作多么辛苦，都能克服重重阻碍把孩子带在身边亲自抚养，这样的父母是值得赞许的。那么，在亲自陪伴孩子成长的过程中，父母要重视开展家庭游戏。

说起游戏，很多父母都存在误解，即认为只有小孩子才需要父母陪着玩游戏，而对于青春期孩子而言，他们完全可以独自进行娱乐活动，例如看电影、玩网络游戏，或者和同学、朋友相约一起参加有趣的活动。的确，青春期的孩子需要同龄人的陪伴，也要在与同龄人的互动中获得成长和进步。但是，这并不意味着父母可以在青少年的成长中保持"隐身在线状态"，甚至完全"离线"。

成长加油站

在家庭生活中，父母可以陪伴孩子一起做的事情很多，例如和孩子一起吃一顿美味的大餐，和孩子一起去游乐场玩耍，和孩子共读一本书，和孩子一起去户外远足。如果不想出门，那么还可以和孩子一起做游戏。需要注意的是，游戏要有益于孩子的身心发展，而且最好能够召集所有的家庭成员参加。这样既能够增强孩子的小主人翁意识，也能够增进家人之间的感情。当游戏符合上述两个条件时，就是合格的家庭游戏。

对于每个孩子而言，家庭都是他们心理发展和成长的首个阵地。在开展家庭教育的过程中，父母选择的家庭游戏要能为孩子身心健康成长提供助力和支持，也要能够提高孩子自我认同的程度，拓展孩子的自我认知，这样孩子才能开阔视野，增强自信，也能提升自身的价值感。与此同时，还能改善父母与孩子之间的关系，让家庭的氛围变得更加和谐融洽。

如果家庭游戏实现了上述目标，那么家庭游戏就是适当刺激。如果家庭游戏无法实现上述目标，那么家庭游戏就是不良刺激。例如，和孩子们一起开展家庭猜谜语活动，在此期间向孩子介绍古代的一些诗人和古代社会的民俗风情，属于家庭游戏的范畴。每当孩子犯错误时，父母不假思索地批评孩子，甚至揍得孩子哇哇大哭，这就不属于家庭游戏的范畴。所以**在选择家庭游戏时，父母既要考虑到该游戏带来的刺激是否适当，也要结合家庭成员的喜好和身体素质、家庭场地等条件，酌情考虑和选择**。对于那些会离间家庭成员之间的关系，使家庭成员钩心斗角的游戏，一定要远离，否则就会损害孩子的身心健康发展，也会给孩子的成长带来未知的危险。

对于年幼的孩子而言，父母可选择的家庭游戏比较少，毕竟年幼的孩子心智发育程度比较低，体力和精力有限，所以家庭游戏受到很大的限制。对于青春期孩子而言，家庭游戏的范围很大，可以从家庭的居住空间发展到户外或者野外的空间，例如青山绿水、风光秀丽的地方。此外，还可以选择一些户外拓展机构提供的场地，这样便于使用该机构提供的各种配套设施，使家庭游戏更加丰富精彩。

在举行家庭游戏的过程中，父母一定要积极地参与，和孩子一起开展相关的活动。有些父母对于家庭游戏的理解特别狭隘，他们只是负责把孩子带到公园，就坐在一旁盯着手机，而让孩子独自玩滑梯、秋千和跷跷板等各种设施。在此过程中，孩子也许能与其他小朋友一起玩，也许会显得很孤独。从严格意义上来说，这不是家庭游戏，而是孩子独自进行的游戏，父母唯一的作用是为孩子独自玩游戏提供了便利。小孩子对此也许无法准确地表达不满，青少年却会因此而疏远父母，并且对这种流于形式的家庭游戏感到兴致索然。

从心理学的角度来说，父母陪伴孩子至关重要，因为当父母带着明确的目的与孩子沟通时，孩子往往会选择掩饰自己真实的内心，也不愿意吐露自己真实的心声。然而，在一起参与游戏的过程中，孩子会彻底放松下来，也因为与父母成为了同一个战壕的战友，并肩作战，完成了各种具有挑战性的任务，所以他们会在心灵上贴近父母，也愿意敞开心扉向父母倾诉。**在玩游戏的过程中，父母还会陪伴孩子战胜困难，也与孩子有了共同的回忆，这都是发展和巩固亲子关系行之有效的好方法。**

高一暑假，小秋有些意兴阑珊，对于父母提出的去北京旅游且顺路爬泰山的建议，他没有积极响应，反而认为劳师动众地去别人生活腻了的地方找新鲜感，是一件很无趣的事情。对此，妈妈一直在劝说小秋，并且告诉小秋不到泰山非好汉。在妈妈的鼓动下，小秋终于同意参加这次全家旅游。在泰山脚下，小秋不由得怀疑，问妈妈："妈妈，这真的是泰山吗？怎么这么矮呢？"妈妈意味深长地对小秋说："小秋，你可知道有句话叫作有眼不识泰山。想要评价泰山，还是等爬上山顶再说吧。"就这样，小秋和爸爸妈妈一起开始登山了。小秋越爬越觉得泰山高不见顶。途中，他几次累得想要放弃，看到爸爸妈妈依然坚持，他也只好咬紧牙关坚持下去。他们爬了整整十个小时，才终于抵达山顶。

夜晚，泰山温度骤降，他们紧紧地裹着租来的军大衣依偎在一起。那一夜，他们仿佛全都放下了内心的束缚，把彼此当成最好的朋友，说起了很多不曾提起的事情。

小秋明显感觉到，一家人之间的感情更加深厚了。次日，当看到日出东方的壮美景象时，小秋不由得感慨所有的辛苦都是值得的。在泰山之行结束之后的很长一段时间里，小秋和爸爸妈妈时常说起那次难忘的旅程。

在这个案例中，父母并没有借助于爬泰山的机会讲述大道理给小秋听，而是始终陪伴在小秋身边，和小秋同频共振地感受辛苦，在筋疲力尽之余继续一步一个台阶地努力向上攀登，和小秋一起忍受漫长而又寒冷的山顶之夜，直到站在山顶观赏日出的壮美景象。可以说，这个家庭游戏本身就是一场宏大的家庭教育活动，而父母哪怕不刻意地对小秋进行教育，也已经打动了小秋的心。

在教育青少年的过程中，父母切勿先入为主地认定孩子有问题，急于撇清自己。实际上，很多青少年的问题根源都在于父母与孩子的相处方式出现了问题，也在于父母不能真正叩开孩子的心门，走入孩子的内心。每个父母都要坚持贯彻李玫瑾教授的不教而善，以此为家庭原则，家庭教育就能如同春雨一般无声滋润孩子的心田。

小贴士

一起玩游戏是增进亲子联结的绝佳方式。在轻松愉快的氛围中，放下身份，平等互动，能有效缓解压力，创造共同回忆，促进沟通。游戏中的规则、合作、竞争与输赢，都是生动的品格教育契机。

和青少年一起成长

很多人都不明白家庭教育的意义，片面地认为养育孩子就是一味地为孩子付出，给自己增加很多麻烦，持有这种观点的人将无法享受养育孩子的乐趣，更不可能从中得到收获。与其说父母是被孩子需要的，不如说父母也是需要孩子的。仅从表面来看，父母为了抚养孩子长大的确付出很多，但是从更深的层次来看，父母因为生养了孩子而使人生的体验更加丰富，也从孩子身上看到了希望和未来。在陪伴孩子慢慢长大的过程中，父母就像是牵着一个慢吞吞的蜗牛在散步一样，比起此前忙碌的生活和工作，他们必然因为放慢了脚步而感受到更多美好。

尤其是当看到那个小小的、孱弱的生命在自己的悉心照顾下变得越来越强壮，直到能够离开父母的身边，脱离父母的庇护，飞向属于自己的广阔天地时，父母所拥有的成就感和满足感是从事任何工作、完成任何事业都不可能媲美的。作为父母，既然我们需要陪伴孩子长大，那么就把这当成一种心甘情愿、甘之如饴的享受吧，而不要认为这是枯燥乏味、毫无乐趣可言的工作。

成 长 加 油 站

当父母真正沉下心来参与孩子的成长，就会发现在陪伴和见证孩子成长的过程中，父母也在成长。所以，不要认为养育孩子只是陪着孩子长大，只是一味地满足孩子，实际上孩子也在满足父母，陪伴父母。遗憾的是，大多数父母都是被动地从这一过程中得到满足，而非主动地从这一过程中得到满足。要想做到主动满足，父母就要找到与孩子的共同点，这样才能积极地开展亲子互动，与孩子彼此满足。

现代社会中，大多数成年人都通过从事某种职业，实现自己的社会价值，也在坚持完成职业使命的过程中获得成长，实现自我完善。每个人都必须发展职业生涯，但有的人对待职业的态度是充满急迫的敷衍，总是在催促自己仓皇前行。这使得他们处于被动的人生状态，不管做什么事情都急急忙忙，忐忑不安。当父母以这样的态度教育孩子时，可想而知孩子的内心也必然是惶恐的，是不安的。父母唯有转变养育孩子的态度，和孩子一起成长，坚持贯彻正确的教育观念，让孩子内心笃定，才能做好家庭教育，让孩子在良好的家庭环境中茁壮成长。

———— ★

每天早晨，家里总是乱糟糟的，仿佛正在急行军一般，不但衣服被扔得到处都是，而且家里为数不多的成员也全都挤在小小的洗漱间里，争先恐后地刷牙、洗脸，排队等待上厕所。可想而知，妈妈整个早晨都在不停地说"快点儿，快点儿，要迟到了""小祖宗，我快被你累死了，你怎么就不让我省点儿心呢""老杜，你就不能先去厨房把粥盛出来晾凉吗，我看我们是非迟到不可了"。妈妈越是催促和抱怨，小欧越是动作缓慢，如同蜗牛般不急不躁，仿佛天塌下来也有高个子的人顶着，和他无关。

终于，小欧妈妈赶在早读的铃声响起之前，把小欧送进了校园。她遇到了老邻居马姐。看到马姐虽然比自己大七八岁，但是气色红润，妆容精致，看起来足足比自己小七八岁的模样，小欧妈妈忍不住问道："马姐，好久不见，你越来越年轻漂亮了。最令我羡慕的是，你总是气定神闲，仿佛孩子一点儿没给你添麻烦。你看看我，一早上就被累得七荤八素，一条命只剩下半条，都怪我家小欧实在是太不省心了。"小欧妈妈话音刚落，马姐就笑着说："哎呀，听你说话就感到怨气冲天。你怎么能说孩子拖累你呢，你应该享受养育孩子的过程。我就很感谢我家孩子，要不是每天送他上学，我怎么有毅力坚持早睡早起呢，说不定早就已经因为晚睡晚起老了十岁。"马姐的话一语惊醒梦中人，小欧妈妈说道："你这么一说还真是如此，自从有了孩子，虽然又忙又累，但是生活方式健康多了。"马姐继续说道："要想不忙不累很简单，那就早晨早起半小时，一切就都井井有条，从容不迫了。我以前也起床困难，后来转念一想，早起半小时又何妨呢，根本不会影响大局，反而会让我有充足的时间做好很多事情。"在得到马姐的真传之后，小欧妈妈也改变了养育孩子的态度，果然消除了怨愤，更加平和地对待小欧。她惊喜地发现，在她改变之后，小欧也改变了。

人们常说，心若改变，世界也随之改变。其实，当父母开始享受养育孩子的过程的时候，青少年就会更加从容地面对成长。在生命的漫长旅程中，很多人都在与自己较劲，其实只需要转念就能让一切变得顺遂。

在家庭教育中，每个家庭成员都依托于家庭而生存，那么就需要为家庭贡献出属于自己的一份力量。其实，**父母所有的辛苦和付出不仅仅是为了养育孩子，还是为了满足自身的心理需求和情感需求。**当父母与孩子齐心协力，很多家庭教育的难题就会迎刃而解，一通百通。当我们把家庭教育简化到极致，升华到极致，就会发现所谓家庭教育就是耐心、用心地陪伴孩子成长，就是让孩子先成人再成才，继而拥有属于自己的精彩人生。

小贴士

教育孩子不是单向灌输，而是父母与孩子共同学习、共同进步的过程。父母应保持开放和学习心态，愿意了解新事物，反思自己的教育方式，甚至向孩子学习。这种平等互助的姿态能赢得孩子更多尊重，从而营造和谐成长氛围。

坚持与青少年进行成长交流

现代社会中，越来越多的青少年面临心理困扰和情感波动，也享受着来自社会、学校和家庭的巨大压力，因而出现各种心理疾病，甚至做出过激的举动，损害自身的生命安全。之所以出现这样的社会现象，青少年缺乏承受挫折的能力、内心脆弱固然是一方面原因，还有一个重要的原因就是家庭没有为青少年构筑好最后一道防御屏障。其实，在孩子内心深处，他们真正在乎和信赖的就是父母。作为父母，当务之急就是告诉孩子不管处于怎样的情况，父母都无条件地爱他们，家的大门也始终对他们敞开。当孩子坚信这一点时，他们就会充满底气面对各种境遇，哪怕内心失望沮丧，也不会彻底绝望。从本质上来说，父母为孩子构筑的最后一道屏障，是爱的屏障，也是安全的屏障。

那么，父母如何才能把爱传达给孩子，也让孩子无条件信任父母呢？关键在于坚持与孩子进行成长交流。在家庭教育中，亲子交流是基础和前提，如果不能保证亲子交流的及时性、通畅性和有效性，则家庭教育就失去了落地的途径。**父母尤其要重视与孩子进行情感交流，只有敞开心扉与孩子进行深入的沟通，也全力以赴帮助孩子消除内心的疑虑，父母才能走进孩子的内心深处，也打动孩子的心灵。**很多父母都羞于向孩子表达爱，一则是因为他们习惯了只做不说，二则是因为他们担心直接把爱说出口有损父母高高在上的权威形象。其实，爱要大声说出来，否则孩子如何能够确信父母是无条件爱他们的呢。父母也无须维护权威形象，因为随着孩子渐渐长大，孩子唯有信任和尊重父母，才愿意服从父母的权威。

只要打消内心的疑虑，自然也变得更加勇敢，父母完全可以毫不掩饰地告诉孩子："宝贝，妈妈想告诉你，不管在什么情况下，哪怕你考试没考好，犯了其他错误，妈妈都无条件地爱你，妈妈永远是世界上最爱你的人，永远都会陪伴在你的身边。"孩子第一次听到父母这样肉麻的表达，也许会感到不好意思，也不知道如何回应父母。随着父母表达的次数越来越多，他们就会越来越信任父母，也会更加明确父母对他们的态度。当孩子确信父母无条件地爱他们，接纳他们的时候，孩子就会勇往直前，无所顾忌，因为他们知道父母永远会在身后默默地注视着他们，随时都等待着他们回家。尤其是当孩子与其他人发生矛盾或者冲突时，如果主要责任不在于孩子，那么父母要坚定不移地支持孩子，捍卫孩子。原本忐忑不安、担心受到父母责怪的孩子，在看到父母切实践行了对他们的爱之后，才会完全信任父母，感受到父母的真诚和无私。

小时候，孩子需要得到父母无微不至的照顾才能更好地生存。随着渐渐长大，步入青春期，他们已经具备了独立的相关能力，可以很好地照顾自己。这意味着他们更需要得到父母的情感满足和精神支持。对于孩子而言，他们在成长过程中的第一个保障，就是父母对于他们爱的态度和爱的承诺。父母越是坚定不移地表达对孩子无私的爱，孩子就越是能够做到勇敢前行，无所畏惧。

遗憾的是，很多父母都对孩子的人生指手画脚，甚至试图操纵和掌控孩子的人生，唯独忽略了孩子是独立的生命个体，对于人生有自己的理想和规划，他们需要得到父母的尊重和支持。

成 长 加 油 站

所谓成长交流，不是对孩子的各种选择指指点点，也不是要求孩子服从父母的意志，做出父母认为明智的选择，而是给孩子提供支持和助力，让孩子可以无所畏惧地奔赴属于自己的未来。**当父母无条件地接纳孩子，孩子就会认可自己；当父母愿意成为孩子最坚强的后盾，孩子就会无所畏惧。**明智的父母会适度地对青春期孩子放手，把与孩子之间的关系变得更加丰富。如果此前父母与孩子只是亲子关系，那么在孩子进入青春期之后，父母与孩子的关系还应该是朋友关系、师生关系、战友关系、同盟关系，等等。总之，只要有利于构建更和谐融洽的亲子关系，亲子关系可以成为任何关系，也包容任何关系的存在。

大多数青春期孩子都正在读初中或者高中。在现代社会的教育模式下，大部分初中生都选择走读，很少有学校提供住校的条件，而大部分高中生则都需要住校，一周才能回家休息一天。那么，父母切勿觉得从孩子住校起就可以彻底对孩子放手了，这是对孩子不负责任的态度。事实证明，正是因为高中生开始住校，每天与父母沟通的时间越来越少，所以等到孩子周末回家时，父母更要有意识地与孩子进行成长交流。所谓成长交流，除了要明确告诉孩子，父母是无条件爱他们的之外，可以涉及很多方面的内容，例如与孩子沟通学校里好玩有趣的事情，以社会热点新闻为切入点引导孩子进行深度思考，以身边的某些事情为例子向孩子灌输积极正向的思想，还可以和孩子一起进行有意义的活动，让孩子在亲身参与的过程中体会人生的意义，收获幸福与快乐。总而言之，父母要与孩子保持频繁互动和有深度的沟通，这样才能与孩子"心心相印""情投意合"。

小贴士

定期、非功利性的交流至关重要。创造轻松、无压力的谈话机会，真诚倾听他们的想法、困惑和感受，不加评判。分享你的经历，而非一味说教。这种深度沟通能在亲子之间建立牢固的情感连接，是家庭教育的基础。

把教育融入生活

说起教育，很多人都将其与生活隔离开来，认为教育就是把孩子送到学校里学习知识，构建知识体系，学习做人的道理，学会为人处世。其实，教育与生活是融为一体的，也是密不可分的。真正的教育必须融入生活，渗透到生活的点点滴滴之中，仿佛清风无孔不入，仿佛春雨润物无声。当教育消除了刻意的痕迹，就能滋润孩子的心田，让孩子在不知不觉间成为更好的自己。

从这个意义上来说，教育就是生活，生活就是教育。**作为父母，要坚持贯彻把教育融入生活的原则，抓住生活中各种各样的机会对孩子开展教育。**面对青春期孩子，很多父母都认为孩子叛逆、倔强，既不知道如何与孩子沟通，也不知道怎样令孩子服从管教。这是因为父母所谓的教育带有很强烈的目的性，所以孩子才会故意反抗父母，以宣誓自己的主权，捍卫自己的权益。归根结底，这是因为父母从一开始就摆出了高高在上的教育者的姿态，所以才会引起孩子的反对与抗拒。如果父母能放低姿态，认识到真正的家庭教育是不留痕迹的，那么相信父母一定会做得更好，也能得到孩子积极的回应。有人说，在家庭教育中，身教大于言传，是很有道理的。

———★

周五早晨，小慧正在吃早餐，妈妈对小慧说："小慧，今天是周五，没有晚自习，我和爸爸傍晚去学校南门接你。"小慧有些疑惑，问道："我可以自己回家啊，不用你和爸爸去接的。"妈妈又说："明天就是奶奶的生日了，我们接了你直接回奶奶家，明天给奶奶过生日。"小慧明显有些不悦，说道："妈妈，好不容易等到周末能休息，就不能消停消停吗？我们可以给奶奶订个蛋糕，人就不用去了吧，路上要开车四个小时呢。"

妈妈沉思片刻，说道："蛋糕，我前几天就已经订好了，周六一大早就会送到家里。但是，蛋糕不能代替咱们陪伴奶奶过生日。爸爸是奶奶的儿子，你从小也是奶奶带大的，我们要有感恩之心。奶奶一年也就过一次生日，我们还有什么理由怕麻烦呢。况且，因为你每个月只有一次双休，所以我们也已经两个月没回去看望奶奶了，奶奶一定很想你。对了，我还给奶奶买了一条黄金项链，我去拿来给你看。"说完，妈妈就去卧室里拿项链，其实她是想多给小慧一些时间思考和权衡。

几分钟之后，妈妈拿着项链出来了，看到小慧明显变得开心起来。小慧拿着妈妈给奶奶买的项链赞不绝口，问道："妈妈，你怎么不给自己也买一条项链呢，我看到好朋友的妈妈就戴着金项链。"妈妈说："奶奶一辈子辛苦操劳，理应先给奶奶买。妈妈还年轻，等有钱了再买也不迟。"小慧感动地说："妈妈，等我赚钱了，第一件事情就是给你买金项链。"妈妈欣慰地笑了。

在这个案例中，作为高中生的小慧的确上学很辛苦，也很需要休息，妈妈对此心知肚明。但是妈妈更知道，每个人都要学会尊敬和孝敬老人，而不能以各种借口推脱对老人的责任和义务。为此，她虽然看出小慧不想长途奔波回老家给奶奶过生日，也只是不动声色地诉说奶奶的辛苦，而没有批评或者责怪小慧。小慧感受到妈妈对奶奶的敬爱和孝心，转过了思想的弯，因而从勉为其难转化为心甘情愿。这意味着妈妈对小慧进行的生活教育起到了良好的效果。在整个沟通的过程中，妈妈始终和善坚定，没有因为小慧表现出不情愿的模样就做出妥协，也没有因此产生负面情绪而与小慧发生争执和冲突。妈妈对小慧言传身教，坚持无冲突化家庭教育，是非常成功的。

成 长 加 油 站

进入青春期，孩子正处于身心快速发展的关键时期，心智发育还不成熟，也没有形成成熟稳定的人生观念和思维模式。既然如此，父母就要有意识地抓住各种机会引导孩子，用自身的出色表现为孩子树立榜样。父母既是孩子的第一任老师，也是孩子最好的老师。只有优秀的父母，才能养育出优秀的孩子，这一点毋庸置疑。因此，父母与其反复告诉孩子如何做，不如亲身示范引导孩子做得更好，这种教育才是渗透式的，也才能滋养孩子的人生。

家庭教育是青少年成长道路上不可或缺的基石。从"自我中心"着眼，我们认识到给予青少年适当的自由与空间，是培养其独立性与自主性的关键。家庭游戏不仅加深了亲子间的情感联系，更是将教育融入日常生活的艺术。让我们携手青少年，共同成长，在生活的点滴中传递智慧与爱，为他们铺设一条通往成熟与成功的坚实道路。

小贴士

品格教育不应局限于课堂或严肃谈话。日常生活中的点滴——分担家务、礼貌待人、处理冲突、讨论时事、旅行见闻——都是绝佳的教育契机。父母要抓住这些自然发生的瞬间，进行言传身教。

第三章 03

自我悦纳，珍惜生命才能
爱美好的世界

Positive
psychology

坚持生命教育

现代社会中，有些青春期孩子出现了一种可怕的心理现象，名为空心病。第一次看到这个名词，大家一定会感到惊讶，毕竟此前只听说有冠心病，而没有听说有空心病呢。有些人对于抑郁症有一定的了解，也知道抑郁症是现代人的流行病，因而误以为空心病就是抑郁症。其实不然。很多父母都不曾听说过空心病，也不知道空心病具体的症状，更不知道空心病与抑郁症的区别。

从心理疾病的角度来说，抑郁症患者陷入诸如痛苦、焦虑等负面情绪中无法挣脱，因而对生活失去兴致，感到索然无趣，所以以主动结束生命的方式让自己获得解脱。和抑郁症患者彻底失去活的欲望不同的是，空心病的具体表现是个体不知道自己为何要活着，也不知道自己的人生有何目标，为此他们感到迷惘和困惑，也常常彷徨无助。在生命的旅途中，面对纷纷扰扰的人世间，他们没有任何依恋的人和事，因此才会毅然决然地离开人世。虽然重度抑郁症和空心病都会导致患者漠视生命，甚至主动结束宝贵的生命，但是抑郁症和空心病的具体表现是不同的，成因也不同。

如今，几乎所有家长都特别关注孩子的学习和成长，尤其看重孩子的学习成绩，认为孩子只有在学习上出类拔萃，超越大多数竞争者，才会拥有好前途。为此，父母对孩子唯一的期望就是孩子学习好，成绩优秀，前途似锦。正是因为父母只关心孩子的学习成绩，只要求孩子考取更好的分数，而忽略了孩子需要精神上的滋养和感情上的陪伴，所以导致孩子精神脆弱，感情贫瘠。这样的孩子也许会如同打了鸡血一样，在父母的支持和鼓励下全力以赴实现目标。而一旦真正实现了目标，他们就会失去努力的方向，也失去存在的价值和意义。具体表现为，他们仿徨失措，不知道自己接下来应该做些什么。例如，很多孩子经过十几年刻苦学习，也在父母的密切督促下始终保持旺盛的精力和拼搏的劲头，最终考入了理想的大学，进入大学后他们的状态却如同进入太空失重了一样，也像是没头苍蝇一样。他们既无所适从，也不知道如何确立新的目标，还因为失去父母的监督和激励而丧失了所有的动力。这使得他们猝不及防地患上了空心病。正是因为如此，极少数孩子才会在费尽辛苦终于考入心仪的大学之后，沉迷于游戏，从来不思进取，更有些情况严重者还彻底迷失，找不到生命的意义，最终选择结束宝贵的生命。

成 长 加 油 站

为了避免这种情况发生，父母切勿对孩子全权包办，为孩子安排好人生的道路，也不要只以严格的管教和约束督促孩子努力。**父母要认识到，孩子终有一天会长大，需要靠着自己行走人生之路，所以唯有激发孩子的内部驱动力，引导孩子学会自我管理，才是长远之计。**人生不是百米冲刺，也不是马拉松长跑，而是接力跑。在漫长的人生中，孩子最初依靠父母设立各种目标，而后就要依靠自己设立更远大的目标，这样才能确保人生的方向始终正确，也才能让自己有努力和拼搏的动力。例如，在进入青春期之后，孩子心智渐渐发育成熟，对于人生也有了一定的规划，那么就要学会设置远大的人生目标，继而把人生目标分解为中期目标和短期目标。由此，孩子就能逐个实现目标，仿佛攀登人生的阶梯，最终抵达人生的巅峰。

此外，父母还要坚持对孩子进行生命教育。近年来，自杀的年轻人越来越多，甚至有很多初高中学生也加入到自杀者的队伍中，偶尔还会发生小学生自杀的事件。对孩子进行生命教育，告诉孩子生命的可贵，让孩子热爱和珍惜生命，已经迫在眉睫。遗憾的是，在传统的学校教育和家庭教育中，大多数老师和父母都没有主动对孩子进行生命教育，而是唯读书论，使有的孩子误以为学习比他们的生命安全更加重要。

很多父母都没有想到的是，孩子压根不知道在父母的心目中孩子的生命安全才是最重要的，又因为父母总是督促孩子学习，想方设法逼迫孩子提升学习成绩，因而很多孩子都认为父母之所以爱他们，是因为他们在学习方面的表现还不错，而一旦他们的学习成绩下滑，父母对他们的爱也会如同山体滑坡般减少。这是多么大的误解啊。作为父母，一定要大声说出对孩子的爱，也要表明爱孩子的态度是不受任何事情影响的，这样才能让孩子充满被爱的底气。

进入青春期之后，孩子在行为上开始疏远父母，这是因为他们迫切渴望独立，证明自身的能力。然而，从心理上和情感上来说，他们依然需要得到父母的陪伴和支持。为此，父母要更加注重关爱孩子，呵护孩子，更要准确无误地向孩子表达爱。不管在什么情况下，父母都要为孩子构筑最后一道屏障。当父母坚持对孩子开展生命教育，也引导孩子养成积极的心态，让孩子确信他们是被父母深爱且接纳的，那么他们在面对各种不如意或者糟糕的境遇时，就能充满底气，充满自信。**父母不可能陪伴和庇护孩子一生，因而要教会孩子积极乐观，充满自信，也充满勇气**。只有以生命存续为前提，孩子才能开展各种各样的生命活动，这一点也是父母需要牢记于心且践行于事的。

小贴士

生命教育不仅是安全知识，更是要让孩子理解生命之宝贵、独特与脆弱。引导孩子欣赏自然生命，理解生老病死的自然规律，珍爱自己和他人的生命。强调每个人都有存在的价值，面对挫折时，生命本身的意义就是坚持的理由。

悦纳自己，关爱他人

在接受家庭教育和学校教育后，大多数青少年都知道要心怀博爱，既要爱整个世界，也要爱身边的人。但是，他们很有可能忽略了最应该爱的人其实是自己。对于爱自己，有人认为这代表着自私，这是因为这么想的人不理解爱的真谛。这个世界上有那么多人，无论是谁都要首先爱自己，才能爱身边的人。换言之，爱身边的人要以爱自己作为前提，爱整个世界也要以爱自己作为前提。一旦失去了爱自己的大前提，那么爱整个世界和爱身边的人就只能成为空洞的口号。

尤其是作为青少年，更要做到爱自己，也要知道如何爱自己。

现代社会，大部分成年人都承受着巨大的生存压力，他们被裹挟着进入激烈的职场竞争，常常感到迷惘、困惑、不安和焦虑。其实，不仅成年人有压力，青少年也面临着学习的内卷状态，因而压力重重。每当学习方面的表现不能让父母感到满意，学习成绩无法达到父母的期望时，青少年都会责怪自己能力不足，也会对自己提出更高的要求。一是因为父母对青少年怀着殷切的期望，二是因为青少年自己也意识到只有出类拔萃，超越无数竞争者，才能拥有更广阔更美好的人生前景。为此，他们对自己的要求越来越高，一旦无法实现预期的目标，他们就会沮丧失望，信心全无。为了避免这种情况发生，**青少年要正确认知和定位自己，也要对自己提出适度的要求**。所谓适度的要求，既不能太高，否则青少年就会因为坚持努力却始终无法达到要求而颓废懈怠，甚至彻底放弃；也不能太低，否则青少年就会因为轻易实现目标而疏忽大意，或者对自己做出过高的评价。适度的要求，指的是青少年需要一定程度的努力才能达到的要求，这样既能激发青少年的潜力，也能让青少年在达到要求之后获得满足感和成就感，从而提升自信心。简而言之，适度的要求应该是青少年踮起脚尖够一够才能实现的。

除此之外，青少年要学会宽容地对待自己，允许自己犯错误。俗话说，人非圣贤，孰能无过。在现实生活中，只要发现孩子犯错，有的父母就会声色俱厉地批评孩子或者指责孩子，有些父母还会简单粗暴地给孩子贴上负面标签，这会严重地损害孩子的自尊心和自信心，也会使孩子形成错误的自我认知，导致孩子自我评价过低。从某种意义上来说，犯错正是孩子成长的重要方式，毕竟孩子各方面能力有限，心智发育不成熟，而且缺乏人生经验，掌握的知识也很贫乏。**父母要理性宽容地对待孩子犯错，切勿不由分说地批评孩子，否则就会打击孩子的自信心，使孩子变得胆小怯懦，畏手畏脚，不敢继续进行尝试。**和那些束手束脚、不敢尝试、不敢创新的孩子相比，反而是那些经常犯错的孩子成长得更快。当孩子因为创新或者尝试而犯错时，父母非但不能批评和否定孩子，还要多多鼓励和支持孩子。

成 长 加 油 站

现实生活中，很多青春期孩子一旦犯错就提心吊胆，生怕遭到父母的批评或者严厉的责罚，因而他们很容易反应过度，或者以撒谎的方式逃避责罚，或者虚构事实以保护自己。为了避免这种情况发生，父母要更理解和宽容孩子，这样孩子才会悦纳自己。正如人们常说的，失败是成功之母，每个人只有从错误中汲取教训，积累经验，才能让自己避免犯同样的错误，也踩着错误的阶梯努力向上攀登，青少年更是如此。因此，青少年要宽容地对待自己的错误，也要分析错误的根本原因，这样才能有的放矢地改正错误，也精准地实现自我提升。

毋庸置疑，青春期孩子正值关键的初高中学习阶段，需要完成繁重的学习任务，一定要学会劳逸结合，张弛有度。在紧张忙碌的学习之余，要坚持做喜欢的事情，以取悦自己，收获快乐。每当与父母产生意见分歧时，青少年还要坚持自认为正确的观点，也虚心结合父母的意见进行适度的调整。总之，不要再当父母的"应声虫"，青少年理应形成自己的人生态度和人生观点。随着成长，青少年一定会成为自己所期望的样子，也打造出独属于自己的精彩人生。

最后，青少年一定要拥有强大的内心，实现可持续性成长，也要慷慨地进行自我投资，这样才能提升自身的价值，证明自己存在的意义。青春期是人生中非常宝贵的学习和成长阶段，一方面，青少年要配合学校教育的节奏学习知识，掌握人生道理；另一方面，青少年也要根据自身的喜爱，发展兴趣爱好，从喜欢做的事情上获得成就感和满足感，从而让成长过程变得更加充实，更有趣味性。

总而言之，**青少年唯有做到悦纳自己，才能做到关爱他人**。当青少年以爱自己为前提，坚持成长，坚持进步的时候，青少年一定会变得更加强大。在漫长的人生中，每个人都要坚持可持续性成长，才能始终保持进步的状态，也让自己目之所及皆为美丽的风景。

小贴士

真正的爱始于悦纳真实的自己——接受自己的优点与不足。帮助孩子认识并欣赏自身独特之处，停止自我苛责。在此基础上，才能将爱自然延伸至他人。关爱他人不是负担，而是自我价值实现和获得归属感的途径。

不给他人添麻烦

如今，很多人都以自我为中心，只顾着满足自己的需求，保护自己的利益，而忽略了他人的需求和利益。这使得他们越来越缺乏一种可贵的品质，那就是不给别人添麻烦。看到这里，很多人一定会不以为然，自顾自地想道："不给别人添麻烦，岂不是最低的要求吗？这很容易就能做到，根本算不上可贵的品质。"其实，不给别人添麻烦说起来很容易，真正想要做到却很难，尤其是在大多数人都唯我独尊的情况下，不给别人添麻烦已经从分内之事变成了优秀的品质。既然如此，青少年更应该注重培养"不给别人添麻烦"的品质。

新生命从呱呱坠地，就开始接受父母的照顾，也得到了其他家庭成员尤其是长辈的疼爱。随着不断成长，孩子长大了，要离开家进入学校进行系统的学习，再离开学校步入社会成为真正意义上的社会成员。但是，他们依然以自我为中心，恨不得让全世界所有人都围绕着他们转，就像父母一样无条件满足他们的需求，让他们满意。然而，理想总是美好的，现实总是残酷的。当青少年以自我为中心对他人提出不情之请时，他们也许会得到他人心不甘情不愿的帮助，也许会被他人毫不留情、义正词严地拒绝，还有可能因此遭到他人的指责和批评。哪怕幸运地得到了他人的慷慨相助，他们也因为缺乏感恩之心，既不曾口头上感谢他人，更没有以实际行动回报他人。然而，没有人愿意一直对不懂得感恩的人付出，因此他们会渐渐疏远不懂得感恩的人。对此，习惯了以自我为中心、不懂得感恩的人浑然不觉，也许还在纳闷那些人为何疏远他呢。这是多么可悲的迟钝和愚蠢啊！

在世界上，只有父母无私地爱我们，也愿意毫无保留地为我们付出。除此之外，任何人都不会这样对待我们。因而，青少年切勿总是向他人索取，也切勿总是不假思索地求助于他人，否则一定会让人避之不及，导致人际关系越来越糟糕，直至最终成为孤家寡人。

成 长 加 油 站

对于青少年而言，如果能够做到不给他人添麻烦，那么就能水到渠成地解决很多人际交往的难题。具体来说，不给他人添麻烦，首先要做到"己所不欲，勿施于人"。这句话是孔子所说的，告诫我们如果不喜欢做某些事情，就不要强求他人做这些事情。听起来，这是顺理成章的。实际上，很多人都会在无意间犯下"己所不欲，偏偏强加于人"的错误。例如，有些人把自己讨厌的东西作为礼物赠送给他人，强求他人做自己不喜欢做的事情，这些行为都会招致他人的反感和不满，很不利于发展人际关系。尤其是父母对待孩子，很容易犯"己所不欲，偏偏强加于孩子"的错误。例如，父母以爱孩子为名，严格苛刻地要求孩子，让孩子实现就连父母都没有做到的事情，这无疑是在刁难孩子，对于孩子而言也是极大的不公平。例如，每天早晨，父母会强迫孩子喝牛奶吃鸡蛋以增强营养；对于学习，父母总是强求孩子以优异的成绩考入名校，而从未想过自己作为父母并非毕业于名校，如此要求孩子无疑是强人所难；还有些父母强迫孩子穿更多的衣服以保暖，却对孩子的满头大汗视而不见，还有些父母为了磨炼孩子的意志力，在很冷的天气里要求孩子穿很少的衣服，自己却穿着厚重暖和的衣服。这些行为都是在强求孩子，从某种意义上来说是否定孩子的感受，也是给孩子添麻烦。

在任何类型的人际关系中，人与人的相处都要以尊重为前提，实现平等友爱。哪怕我们怀着好心强求他人，也必然会给他人带来不好的感受，这无疑不利于发展人际关系，还有可能导致事与愿违，使我们与他人之间的关系越来越疏远。哪怕亲如父母子女，也要本着尊重和平等对待的原则，才能实现良好的交往与互动。

要想做到不给别人添麻烦，青少年就要摒弃以自我为中心的思维习惯，改变看待问题的角度，设身处地地思考他人的难处和苦衷，从而做到理解和包容他人。有些青少年理直气壮地求助于他人；有些青少年犯了错误也不向他人道歉，却揪着他人的错误不放；有些青少年不能相对准确地预估他人帮助自己需要付出的代价，所以常常对人提出不情之请而毫不自知。青少年的这些行为都会给人带来麻烦，招致烦恼，因而一定要有意识地避免上述情况发生。

归根结底，青少年要坚持成长与进步，提升自己各个方面的能力和水平，才能尽量实现自身的最大价值，也才能成为团队中不可缺少的一分子。不给别人添麻烦说起来容易，做起来难，**青少年必须根据具体情况和自身情况做出权衡，也要正确评估他人的能力，以及自己与他人之间的交情，才能适时提出合理的请求，也给予他人相应的回报。**唯有如此，青少年才能与他人保持良好的交往，处处受人欢迎。

小贴士

不给他人添麻烦是责任感和同理心的体现。父母应教导孩子在公共场合注意言行，做好分内事，考虑自己行为对他人的影响，让孩子从小事做起，培养为他人着想的习惯和社会公德心。

珍惜生命，实现价值

对于任何人而言，健康的生命都是1，其他的一切都是1后面的0。这意味着必须拥有健康的生命，那些0才有意义，如果失去了健康的生命，则所有的0都变成了虚无，是毫无意义的。在《钢铁是怎样炼成的》中，奥斯特洛夫斯基说道：**"人，最宝贵的是生命。"**的确，每个人只拥有一次生的机会，因为生命是不能重来的，一旦失去就一去不返。进入青春期，孩子们要理解生命的可贵，也要珍惜和热爱生命。

具体来说，珍惜生命就是要珍惜活着的时光，因为只有活着，人们才能产生各种各样的情绪和感受，也只有活着，人们才有机会做想做的事情，感受独属于自己的充实和快乐。近些年来，因为家庭教育和学校教育都没有重视对孩子进行生命教育，又因为社会生活带来的压力越来越大，所以很多青少年出于各种原因走上了绝路，以极端的方式毅然决然地结束生命，告别人世。这是令人倍感痛心的，更糟糕的是这已经在某种程度上成为社会现象，急需得到关注和解决。

成 长 加 油 站

正常情况下，青少年正值青春，有着大好年华，理应对生命满怀热爱，充满激情。然而，那些走向自杀之路的孩子仿佛并不知道生命的可贵，也没有真正重视生命。他们或许因为一时冲动选择轻生，或许因为长期陷入抑郁的情绪之中无法自拔选择逃避，没有人知道他们在生命的最后时刻有何感想，是毅然决然，还是无比悔恨。为了避免发生青少年自杀事件，作为父母，一定要有意识地引导孩子珍惜生命，也要积极主动地对孩子进行生命教育。尤其需要做到的是，**父母要培养和提升孩子的耐挫折、抗打击能力，让孩子意识到生命的宝贵，不管在什么情况下，都不能主动放弃生命。**试想，那些身患绝症、陷入人生绝境的人尚且想方设法地求生，更何况是身体健康的人呢？俗话说，天无绝人之路。不管面对怎样的困境和难题，只要青少年始终心怀希望，就终将创造生命的奇迹。

珍惜生命，除了要珍惜生的机会之外，还要充实地度过人生中的每一分每一秒。时间是组成生命的材料，浪费时间无异于浪费生命。因此，鲁迅先生说过："浪费别人的时间，就是对他人谋财害命。"新生命从降临人世，就开始向死而生。每个人都可以选择如何度过漫长又短暂的人生，这是每个人的权利和自由。有些人彻底躺平，对命运逆来顺受，被动接受命运的安排，在人生旅程中毫无建树；有些人斗志昂扬，哪怕遭遇命运的坎坷也绝不缴械投降，而是吹响战斗的号角，向命运发起总攻。他们争分夺秒地生活，恨不得把一分钟变成两分钟，恨不得把一辈子活成几辈子。可以说，他们的人生是无比充实的，哪怕没有做出伟大的成就，也必然因为兢兢业业而有所收获。等到人生走到最后时刻时，他们可以无怨无悔地说："我无愧于这一生，我已经尽力活得精彩了。"

任何人的人生都不该虚度光阴。每个人都要投入地感受生命，创造美好。在青春期，孩子的身心快速发展，心智水平逐渐提升，因而学习能力也越来越强。这就要求孩子们抓住宝贵的青春时光，如饥似渴地学习，既要构建起知识的宝库，也要夯实人生的基础。有些青少年对待学习三心二意，敷衍了事，最终一事无成，浪费了时间。可想而知，等到有朝一日感受到时光一去不返时，他们必然会陷入无限的懊悔之中。只可惜世界上并没有卖后悔药的，他们不管多么懊悔，也都徒留遗憾了。正如古人所说的，少壮不努力，老大徒伤悲。

打比方来说，人生恰如只有一头甜的甘蔗，每个人都可以选择先苦后甜或者是先甜后苦。大多数明智的人都会在精力充沛、活力无限的青春时期吃苦，因为唯有如此才能在人生暮年苦尽甘来，安享晚年。如果选择在年轻时不思进取，贪图安逸的享受，那么等到年老力衰时只能徒然悲伤，晚景凄凉。有人说，年少时脑子里进的水，都会变成年老时眼睛里流出的泪，我们要说，年轻时虚度的分分秒秒，都会变成年老时煎熬的分分秒秒，而年轻时拼搏奋斗的分分秒秒，都会变成年老时幸福美满的分分秒秒。总之，不拼搏，不努力，不奋斗，不进取，我们还要青春做什么呢？青少年唯有抓住此时此刻，全力以赴地拼搏和努力，才能夯实人生的基础，无怨无悔地奔赴美好的前程。

小贴士

珍惜生命不仅意味着保障身体安全，更意味着追求精神富足和意义感。鼓励孩子探索兴趣、发展潜能、设定目标、服务社会。让他们理解，生命的意义在于创造价值、体验成长、建立关系，而不仅仅是活着。

竭尽所能帮助他人

在青春期，青少年要形成正确的人生观、价值观和世界观，才能为未来的发展奠定基础，也才能确保人生努力的方向是正确的，不会脱离轨道。虽然青少年还处于成长阶段，要继续学习以提升自己，但是青少年已经具备了一定的能力，既能够做到爱自己，也能心怀博爱，坚持爱世界，爱身边的人。**爱，不但是善意的表达，慷慨的付出，而且是一种积极正向的能量，能够在人与人之间传递。**正如一首歌所唱的那样，只要人人都献出一点爱，世界将变成美好的人间。

对于爱的理解，切勿狭隘。从狭隘的角度来看，爱是人与人之间相互付出，彼此成就。其实，从广义的角度来讲，爱未必需要当即得到回报，也未必需要得到对方的回报。例如，我们在地铁上把座位让给了那些需要帮助的人，未必会巧合地得到他们的回报，毕竟我们与他们之间是陌生路人的关系，再次相遇的可能性很小，再次相遇且得到对方回报的机会更是微乎其微。然而，那些得到帮助的人却得到了爱的滋养，感受到了温暖和善意，为此他们会在必要的时候帮助其他人。如此一来，爱仿佛是无形的接力棒，一棒一棒地传递下去，使人与人之间更加友善，也让世界充满了爱。2008年5月12日下午，四川汶川发生了大地震。消息传递出来后，曾经于1976年7月28日经历过唐山大地震的一些人，第一时间奔赴汶川，进行民间救援。这是因为他们在经历地震的时候也得到过很多人的支援和帮助。与此同时，他们很理解汶川人民遭遇地震产生的无助感、绝望感，以及面对一时之间亲人离散、阴阳相隔的致命悲伤。俗话说，一方有难，八方支援。在汶川地震中，全国各地的人们都奔赴汶川，不计回报地进行紧急救援。那些在汶川地震中侥幸生存下来的孩子们，长大之后有的成为了医生治病救人，有的主动参军把自己献给国家。总之，他们没有忘记大难来临之际全国人民给予他们的关爱，因而竭尽所能地把爱传递下去。

成 长 加 油 站

　　青少年要从广义的角度理解爱，既要做到爱身边的人，也要做到爱我们的祖国，爱人类赖以生存的地球，爱与每个人的命运都休戚与共的全世界，甚至要爱浩瀚无边的宇宙。青少年要慷慨地付出爱，成为爱的传递者，也成为爱的使者。

　　爱的传递并没有标准的路径，而是作为能量在人与人之间传递，温暖整个世界。有句谚语是"赠人玫瑰，手有余香"，告诉我们帮助他人的行为本身能够让我们获得满足感，获得助人的快乐，从某种意义上来说，这就是爱最好的回报。在付出爱的同时，我们无须担心爱是否还会回转，因为爱哪怕一去不返，也不曾消失，反而温暖了我们所在的世界。

　　生命的价值在于珍惜与奉献，当我们学会悦纳自己，便能以更加积极的心态去爱这个世界。关爱他人，不给他人添麻烦，是我们在社会中立足的基本准则。而珍惜生命，不仅是对自己的尊重，更是对他人和社会的责任。在实现自我价值的同时，我们也应竭尽所能去帮助他人，让爱与温暖在人与人之间传递。这样的生命，才是充实而有意义的，让我们携手，共同创造一个更加美好的世界。

小贴士

　　助人行为能带来深层次的快乐和满足感。鼓励孩子在能力范围内主动帮助他人——同学、家人、社区。强调助人不是牺牲，而是利人利己。从微小善举开始，体验"赠人玫瑰，手有余香"的快乐，培养社会责任感。

第四章 04

培养优秀品质，先成人再
成才，畅行人生之路

Positive
psychology

感恩，是盛放于心的暖阳

现代社会中，很多青少年都没有感恩之心。他们从小就在父母无微不至的关爱与呵护下成长，更是得到了家中长辈们的宠爱。其中有些青少年是独生子女，他们的父母也是独生子女，因此他们成了十八里地中的独苗，集万千宠爱于一身。长此以往，他们形成了以自我为中心的意识，思考所有的问题都从自身出发，很少想到他人的利益和需求。在家庭生活中，所有家人都心甘情愿为青少年付出，也想方设法满足青少年的要求和愿望，所以他们自然不会与青少年爆发矛盾和冲突。等到有朝一日青少年离开家庭，进入学校，也开始接触社会，就会意识到以自我为中心的思维模式将会给自己带来很多阻碍，使他们陷入人际交往的困境，也让他人与身边的人之间产生矛盾和摩擦。面对这种情况，青少年必须数次接受社会的磨炼，才能意识到问题所在，也才能有的放矢地主动解决问题。

对于以自我为中心的青少年面临的人际交往困境，很多父母都没有给予充分的重视。他们误认为孩子还小，不懂得如何与人相处，所以才会不受欢迎。其实，孩子的智商更多地取决于天生，而情商则更多地取决于后天的成长。对于青少年而言，他们渴望得到同龄人的认可，也想要融入同龄人的团队，所以被同龄人排挤和抗拒往往使他们无所适从，倍感痛苦。为此，父母要重视青少年的社交表现，有意识地培养和提升青少年的社交能力。具体来说，首先要让青少年学会感恩，既在家庭生活中看到父母的辛苦，也感恩父母的付出。试问，如果青少年对最应该感谢的父母缺乏感恩，那么他们还如何会感恩其他人呢？

直白地说，感恩就是感谢他人对自己的帮助，因而竭尽所能地回报他人。俗话说，滴水之恩，当涌泉相报，就是拥有感恩之心的表现。与此恰恰相反，那些没有感恩之心的人则不懂得感谢和回报他人，即使已经得到了他人慷慨无私的馈赠，也得到了他人全力以赴的帮助，但他们依然感到不满足，甚至还会对他人提出得寸进尺的要求。现代社会中，很多青少年之所以不能建立和维持良好的人际关系，就是因为他们只会一味地索取，而从来不懂得力所能及地回报他人。俗话说，有来无往非礼也。**对于青少年而言，即使因为自身能力有限而无法当即对他人涌泉相报，也至少要学会感谢他人，认可他人对自己的付出和帮助。**

现代社会中，各行各业都有了更高的标准和要求，必须高度专业化的人才才能从事相关的工作，这就意味着不同类型的人才必须各自发挥所长，密切配合，精诚合作，才能有所成就。反之，如果每个人都各自为政，自以为是，而丝毫不把别人放在眼里，那么他们只凭着自己的力量是很难有所建树的。总之，人人都需要得到帮助才能生存，青少年更是如此。青少年虽然身体在快速发育和成长，力量越来越强，但是心智发育还不够成熟，又因为缺乏人生经验，所以无法独立完成很多重要的事情。为此，青少年要主动调整心态，只有先学会感谢他人，才能得到他人的慷慨帮助。在这个世界上，如果人人都明哲保身，那么世界的发展一定会处于停滞状态，甚至出现严重退步。反之，如果人人都心怀感恩，把自己当成一颗螺丝钉，与他人密切合作，齐心协力地实现伟大目标，那么他们就能如同一滴滴水一样聚集，最终汇聚成海，拥有无比强大的力量。

唯物主义认为，所有事情都是客观发生的，事出必有因，也必有结果。因而，青少年要主动帮助他人，这样才能把爱撒播出去，也要在得到他人的帮助之后心怀感恩，继而回报他人。如此一来，善念就会在人与人之间流转，人际关系也会进入良性循环的状态。遗憾的是，有些青少年不懂得感恩，他们误认为所有人都应该如同父母一样对他们无私付出，正是这样不知感恩的想法催生了他们不知满足的念头，使他们哪怕已经得到了他人的热心帮助，也依然抱怨他人帮助他们还不够，所以他们才没有得到理想的结果。可想而知，在怨愤的状态中，青少年与他人的关系必然紧张恶劣，有些原本美好的关系也会因为陷入憎恨的状态，而画上句号。

成 长 加 油 站

　　如果说抱怨和不满是人心中的乌云遮天蔽日，那么感恩则是人心中的暖阳普照大地。进入青春期，孩子开始大力发展人际关系，也渴望结交更多朋友，那么一定要怀着感恩之心与身边的人交往。青少年要感恩父母，因为如果没有父母给予生命，青少年不可能降临人世；如果没有父母悉心照顾，青少年不可能存活于世。青少年要感恩老师，正是老师教会青少年更多知识和技能，让青少年从一张白纸变得五彩斑斓，内容充实，精彩纷呈，魅力无限。青少年要感恩同伴，对于青少年而言，哪怕父母怀着赤子之心始终陪伴在他们的身边，也无法取代同伴的陪伴。青少年要感恩学习上的竞争对手，正是这些优秀的对手才能激发出青少年的潜力，让青少年在学习上更上一层楼。青少年也要感恩阳光雨露，既滋养万物，也滋养着青少年朝气蓬勃、节节高升的人生。

　　除了要心怀感恩外，青少年还要主动给予，因为给予比索取好。一句谚语告诉我们，赠人玫瑰，手有余香。这句话告诉我们，在主动付出时，我们无须担心对方是否会给予回报，因为付出本身就是莫大的快乐和满足。在这个世界上，总有人要首先付出，才能真正开始建立感恩的循环。在与人相处的过程中，无论快乐比烦恼多，还是烦恼比快乐多，青少年都要怀着宽容之心，常常想到他人对自己的好，这样才能做到对他人心怀感恩，也才能做到设身处地为他人着想，最终化干戈为玉帛，与他人交好。

很多青少年从小就生活得顺遂如意，从未受到过任何伤害，更没有被他人无情地拒绝过。为此，他们心理承受能力差，很难面对被拒绝的窘境。其实，人生不如意事十之八九，随着不断成长，生活的半径越来越大，生活中出现的人也越来越多，青少年难免会被拒绝。在这种情况下，唯有宽容才能帮助青少年消除内心的仇恨，也让青少年常怀感恩之心。真正胸怀宽广的青少年，也会感恩那些伤害他们的人，因为正是曾经遭受的伤害成就了此刻的他们，让他们变得与众不同，无比强大。当青少年对伤害自己的人心怀感恩时，意味着青少年真正地成熟了，也理解了感恩的真谛。

对于感恩，有些青少年产生了误解，认为感恩就是要感谢他人，原谅他人。其实不然。感恩，从某种意义上来说，是为了自己。**拥有感恩之心的人不会长久地以他人的错误惩罚自己，也不会沉浸在负面情绪或者他人带来的伤害中无法自拔，更不会因为眼前的困厄就心生绝望。**心怀感恩的青少年会敞开怀抱，热情地拥抱生活，接纳生活的现状，也以当下的生活作为人生新征程的起点，继续驰骋人生。

小贴士

感恩是幸福的源泉。引导孩子留意生活中的美好，并真诚表达感谢。可以定期进行感恩分享。常怀感恩之心的人更乐观、更满足、人际关系更和谐。

宽容他人，就是放过自己

在世界上，人心是最难以揣测的，这是因为人心难辨，复杂多变，令人眼花缭乱。古人云："人之初性本善。"古人又云："人之初性本恶。"其实，这两种观点都有道理，即人心既善良纯真，又邪恶卑鄙；既美好纯洁，又丑陋污秽；人心既比针尖还小，又比天空更辽阔；人心既积极向上，又悲观绝望……因此，人们常说人心难测。人心最大的共同点之一，即具有强烈的主观意识，很难跳出主观的限制和禁锢，真正做到客观地看待问题；人心最大的共同点之二，即始终处于变化之中，常常因为外界的人和事情的变动而随之变动。所以，人们常说善恶一念间，就是这个道理。

成长加油站

青少年要发挥人心具有强烈主观意识的特点，主动自发地调整心理状态，让自己从沮丧失落变得积极乐观。任何人一旦陷入绝望，意志力就会彻底崩塌，那么必然活得如同没头苍蝇一样，既失去了明确的目标，也无法保证正确的方向，这样的状态不但会影响人的精神，也会影响人的身体健康。因此，青少年要调整心态，以积极乐观的状态面对人生。

对于青少年而言，除了要积极向上之外，还要学会宽容。唯有心怀宽容，青少年才能放下仇恨，友善对待他人。仇恨如同一把双刃剑，首先会伤害青少年，使青少年长久地沉浸在愤怒中，其次会伤害他人，即青少年因为愤怒和冲动而做出极端的报复行为。最终，仇恨会毁掉所有与仇恨相关的人，导致事态严重恶化。人类的感情是很丰富的，仇恨却像是感情世界里的病毒一样，会快速蔓延开来，损害人类的精神健康和情感健康，也会吞噬人类心灵中积极的情感与向上的力量。

最近这些年来，网络上经常曝光青少年犯罪事件。青少年犯罪率之所以持续升高，是因为社会快速发展导致人心浮躁，而青少年也因为各种各样的原因出现了不同程度的心理问题。一直以来，很多人认为孩子即使顽皮捣蛋，也只是出于贪玩的心理，而并非怀着恶意。事实证明并非如此。在初中和高中校园里，时常发生校园霸凌事件，使青少年面临严重的身心伤害。心理学家经过研究发现，不仅被霸凌的孩子会遭受到身体伤害和心理创伤，那些主动霸凌他人的青少年也有着严重的心理问题，甚至有些霸凌者已经患上了极其严重的心理疾病。因此，我们既要关心爱护被霸凌者，也要关注霸凌者。

从心理学角度进行分析，青少年霸凌者的内心怀着仇恨，所以他们受到愤怒的驱使，冲动地伤害无辜者。他们并非所表现出来的那样无所畏惧，恰恰相反，他们的内心很可能是脆弱无助的，所以他们才需要成群结队地欺负和侮辱他人，以获得变态的满足。为了帮助霸凌者消除内心的仇恨，回到学习和成长的正轨上，父母要关注青少年的日常表现，引导青少年理性思考问题。其实，有些青少年并没有意识到自己的内心充满愤怒，因为他们的愤怒产生于原生家庭，也产生于各种琐事的事情，还有可能受到小时候某种伤害或者欲求不满事件的持久影响。俗话说，解铃还须系铃人。**唯有发掘出青少年霸凌者行为的心理原因和情感原因，才能有的放矢地帮助他们平息内心起伏不定的负面情绪，也才能让他们保持理智和冷静，处理好自己的情绪问题。**

在古希腊神话中，海格利斯力大无穷，所有人都不是他的对手，为此他常常感到孤独。有一次，海格利斯独自走在山林里弯弯曲曲的羊肠小道上。和往常一样，他趾高气扬，不把任何东西看在眼里。他眼高于顶地走着，突然被路上的某个东西绊倒了，忍不住一个跟跄差点儿摔了个狗啃泥。他这才低下头，发现脚底下躺着一个皮囊，正好挡住了他的去路。他当即气不打一处来，不假思索地抬脚踢向皮囊。出乎他的预料，皮囊一动不动。要知道，海格利斯是公认的大力士，他想不通这只皮囊究竟有何来头，居然能禁得住他狠狠一脚。他特别恼火，当即再次抬脚踢向皮囊。这次，皮囊还是稳如泰山，但是和第一次皮囊只是变得气鼓鼓的不同，这一次皮囊迅速膨胀，变得特别大。海格利斯怒火中烧，失去理智地从路边捡起一根又粗又长的木棒，持续狠狠地砸向皮囊。皮囊膨胀得更快了，很快就把羊肠小道彻底堵死了。海格利斯累得气喘吁吁，却无可奈何。

正当海格利斯对着皮囊生气时，一位智者来到海格利斯的身边，海格利斯忍不住抱怨道："这个皮囊故意堵住了道路，让我们没法过去，太可恶了。"看到海格利斯歇斯底里的模样，智者笑着说："朋友，这是仇恨袋。如果你不跟它斤斤计较，它很快就会消气了。"海格利斯对智者的话半信半疑，但是他也没有更好的办法让皮囊消气，所以只好采纳智者的建议对仇恨袋置之不理。渐渐地，正如智者所说，仇恨袋消气了。

人的心就像是羊肠小道，一旦装满仇恨，就会堵塞心的通道。实际上，当人主动消除内心的愤怒，那么就会感到神清气爽，心胸开阔，也能做到理智地思考问题，圆满地解决问题。从这个意义上来说，青少年一定要学会消除仇恨，让心畅通无阻。有的时候，我们从某个角度看待问题，仿佛进入了死胡同一般无法找到出路，那么不妨换一个角度看待问题，这样就能有全新的思路，从而以新方法解决问题。

作为情绪动物，人类随时都会产生情绪，尤其是青少年容易情绪冲动，又受到体内分泌的荷尔蒙的影响，常常面临情绪的各种极端状态。因此，青少年要有意识地控制和主宰情绪，这样才能成为情绪的主人，避免因为情绪失控给自己和他人带来伤害，或者招致麻烦。

总之，青少年要心怀宽容，消除内心的仇恨，这样既能免于纠纷，也能免于灾祸。**如果青少年做到宽容待人，就容易与他人之间建立和保持良好的关系，也使自己受益匪浅。**总而言之，我们要让宽容成为人生的主旋律，这样才能让自己内心轻松愉悦，并集中精力创造更美好的人生。

小贴士

宽容不等于纵容，而是放下怨恨，解脱自己。帮助孩子理解人无完人，冲突和误解难免。引导他们换位思考，尝试理解对方，学会表达感受而非指责。选择原谅不是为了对方，而是为了自己的内心平和与前行。

尊重是相互的

在生命的历程中，我们首先要学会尊重自己。这是因为自尊自重是做人做事的前提，尊重自己与尊重他人关系密切，是相互联系的。一个人唯有尊重自己，才能得到他人的尊重；一个人唯有尊重他人，才是真正的尊重自己。如今，很多青少年习惯以自我为中心，而不懂得尊重他人。他们从小就得到父母和家人无微不至的照顾，常常误以为自己是宇宙中心，所有人都必须围绕着他们转，也要和父母一样无条件满足他们的需求。这当然是一种错觉，也必然导致青少年在社会生活中处处碰壁，吃足苦头。一旦周围的人无法满足他们的需求，他们还会怨声载道，言语苛刻，殊不知真正错的人是他们自己。

成长加油站

从本质上而言，尊重他人是美好的品德。在世界上，每个人都值得他人尊重，因而青少年要学会尊重所有人。尤其是对于父母、老师和同学等人，青少年更应该满怀尊重。青少年每天与他们朝夕相处，接受父母的照顾才能生存，接受老师的教诲才能长大成人，接受同学的陪伴和帮助才能获得快乐。尊重，从来不是挂在嘴边的口号，更不是空洞的宣言。**青少年首先要尊重他人，继而才能赢得他人尊重，最终做到与他人相互尊重，与他人之间建立和保持良好的人际关系。**

需要再次强调的是，不管面对怎样的人际关系，青少年要先尊重自己。只有自尊，青少年才能认可与接纳自己，也才能坚持自我发展。在生命的漫长旅程中，人人都会面临各种突发状况，也会遭遇坎坷挫折，如果缺乏自尊，青少年很容易就会被打败，甚至向命运缴械投降。唯有那些高度自尊的人才能保持昂扬的人生姿态，面对人生的各种不如意要保持从容的姿态，保持积极的状态，也要保持旺盛的精力和强大的生命力。

低自尊的青少年或者没有自尊的青少年脆弱得不堪一击，他们即使只是面对小小的不如意或者是不值一提的打击，也会轻易被挫败。他们很容易感到自卑，无法承受失败。为了避免失败，他们索性彻底放弃努力。殊不知，彻底放弃努力固然帮助他们逃避了失败，却也使他们彻底失去了成功的机会。面对艰难的生存困境，他们不是躺平，而是彻底放弃，陷入自暴自弃的恶性循环之中。可想而知，对于大多数人而言只是暂时的苦难时期，对于低自尊的青少年却有可能是无法突破的瓶颈。一旦失去主动向上的内驱力，他们就会处于停滞不前的状态，这无疑是不利于他们成长和发展的。

比起低自尊的青少年，高自尊的青少年则明显表现出不服输的精神和顽强拼搏的毅力。在高自尊的青少年心中，人生从来没有过不去的坎，也没有努力奔跑不能到达的远方。他们坚定不移地相信自己，从不怀疑自己的能力和水平，而把失败归结为偶然的失误或者是失常发挥。为此，他们全力以赴继续投入努力，他们坚持笑到最后，因为只有笑到最后的人才是真正笑得最好的人。

当青少年真正做到尊重自己，继而尊重他人，就能在人际关系中与他人建立相互尊重的良好关系。与他人互相尊重，这是人际交往的制胜法宝。

———★

有一天，俄国著名作家屠格涅夫外出散步，遇到了一位乞丐。这个乞丐穿着破破烂烂的衣服，脸上写满了疲惫。看到屠格涅夫，他当即迎面走去，并且做出乞讨的姿态。看到乞丐期待地看着自己，屠格涅夫无奈地摊开双手，满怀愧疚地对乞丐说："对不起，兄弟，我正在散步，所以没带任何食物或者是钱。"听到屠格涅夫的话，乞丐非但没有感到失望，反而激动地握住屠格涅夫的手，说道："尊敬的先生，谢谢你救我！"屠格涅夫疑惑地看着乞丐，说道："但是，我并没有救你啊！"乞丐眼含热泪说道："在遇到你之前，我原本已经下定决心求死了，毕竟所有人都厌恶我，嫌弃我，让我生无可恋！但是，我听到你向我表示歉意，还称呼我为兄弟，所以我决定要好好活下去。感谢你，兄弟！"

这个故事告诉我们，哪怕是苦苦挣扎在生死线上的乞丐，也渴望得到他人的尊重，他们对于尊重的需求是如此强烈，令人感动。对于他们而言，他们宁可饿着肚子，也希望被尊重，所以他们认为得到尊重远远比得到金钱或者食物更加重要，哪怕他们已经饥肠辘辘了。尊重，让一心求死的乞丐重新燃起了生的希望，也正是因为得到了尊重，所以乞丐才会尊重并不能给予他任何实质性帮助的屠格涅夫。

看完这个故事，青少年就会意识到尊重的重要性。**每个青少年既要尊重自己，以求自强不息，坚持不懈，也要尊重他人，这样才能赢得他人的尊重。**马斯洛的需要层次理论告诉我们，人只有满足了低层次的需求，才会产生更高层次的需求，其实不然。就像故事中的乞丐，虽然忍饥挨饿，但是依然需要得到尊重，以满足自身更高层次的需求。这意味着人们有时需要同时满足最高层次的需求和最低层次的需求，这样才能提升生存的质量。

小贴士

尊重是人际交往的黄金法则。教导孩子尊重他人，也教会他们要求并维护自己应得的尊重。尊重体现在言行细节：认真倾听、礼貌用语、不随意评判、遵守约定。相互尊重是建立健康关系的基础。

适合的才是最好的

很多父母并不注重对青少年进行金钱教育，这是因为在只有一个孩子的家庭里，父母总是慷慨地给孩子花钱，也拼尽所有为孩子提供优渥的物质条件和各个方面的大力支持。还有些父母尽管赚钱不多，家庭经济条件也很一般，但是却毫不心疼也毫不吝啬地为孩子付出。他们不惜花费重金为孩子报名参加各种兴趣班，也会花大价钱为孩子购买名牌的玩具和服饰等。在父母的骄纵和宠溺下，孩子渐渐地养成了花钱没有节制、大手大脚的坏习惯。他们既不知道父母赚钱多么辛苦，也不知道感恩父母。

正是因为如此，很多穷困家庭里或者是经济条件普通的家庭，反而养育出无限度向父母索取的孩子。从父母的角度来说，爱孩子固然没有错，但是不讲究方式地爱孩子，无限度地满足孩子各种不合理的需求，一定是错误的。有位名人说过，父母对孩子最严重的伤害，就是过度骄纵孩子，无限度宠爱孩子。在漫长的成长过程中，如果父母始终不能做到有界限地爱孩子，那么孩子就会失去界限，也会索求无度。有朝一日，当父母年老体衰，没有能力继续为孩子提供所有便利的条件，反而需要得到孩子的赡养和照顾时，孩子就会面临严峻的考验。有些孩子骄纵成性，根本不愿意照顾父母，因而选择逃离父母的身边，任由父母老无所养、孤苦伶仃；有些孩子在失去父母的照顾后自顾不暇，尚且不能自保，哪怕想照顾父母也心有余而力不足，因而和父母一起陷入困境之中。

古人云，由俭入奢易，由奢入俭难。这句话告诫我们，一个人如果过惯了清苦的生活，那么很快就能习惯更好的生活；反之，一个人如果过惯了优渥的生活，那么当生活水平急剧降低，生活条件变得艰苦时，他们就很难适应。从欲望的角度进行分析，我们就会发现人的欲望是无穷无尽的，越是轻而易举地得到满足，人的欲望也就越是快速膨胀。为了让孩子不被欲望湮没，有些父母爱孩子之深，则为孩子谋虑深远。从孩子小时候，父母就会适度满足孩子，对于孩子的无理要求或者是不情之请，父母则选择拒绝。有些家庭的经济条件很好，父母却始终秉承穷养孩子的原则，目的在于培养孩子的金钱观念，让孩子认识到金钱来之不易，要有计划地花到需要的地方，而不能挥霍浪费。

人生的道路是漫长的，随时都有可能发生各种意外情况和突发情况。生命的规律使每个人都面临着一天天老去的现状，父母也不可能永远年轻有为。随着时光的流逝，父母的体力渐渐下降，智力渐渐衰弱，为此他们很难继续为孩子提供各种超乎寻常的条件。不管家里的经济情况如何，父母与其让孩子经历由奢入俭的考验，不如让孩子从容地由俭入奢。

人生，不在年轻的时候吃苦，就要在年老的时候受罪。对于青春期孩子而言，无论拥有怎样的家境，都要致力于提升自身的能力，让自己变得更加强大。这才是应对人生的不变之道。有些孩子从小就挥霍金钱，无论是穿衣服还是穿鞋子都要穿名牌的，不管吃什么都要吃最贵的，他们还动不动就向父母要价值不菲的礼物。如果说此前是因为父母对孩子的金钱管控失职，那么接下来父母就要让孩子学会自己管理金钱，渐渐地引导孩子学会在一定时期内合理规划金钱，这样就能提升孩子掌控金钱的能力，也能提升孩子的财商。**青少年尤其需要注意的是，任何东西并非只有最贵的才是最好的，其实，哪怕和最贵的相比，也是合适的才是最好的。**正如人们常说的，鞋子是否合脚，只有脚知道。在很多情况下，所谓的名牌产品也许能给人的脸上增光，却未必能提升人的舒适度和幸福感。

暑假即将结束，妈妈带着秋明去商场选购运动鞋。在商场里，妈妈看中的一款运动鞋价值一千多元，忍不住感慨道："现在的鞋子可真贵，我们小时候鞋子才十几块钱一双。"秋明对妈妈的话嗤之以鼻，说道："你们小时候猪肉才多少钱一斤啊，现在猪肉都多少钱一斤了。要是用猪肉换算，现在的一千多元和你们那会儿的大几十元差不多。"妈妈被秋明反驳得哑口无言，只好询问秋明的意见："你喜欢这双鞋吗？要不要试试？"秋明笑着对妈妈说："说不上喜欢，也说不上讨厌，所以还是不要买了。我不是为了给你省钱，我是觉得花一千多元买双鞋子不值得。咱们还是去促销专区看看吧，一两百的鞋子就已经很好了。"

在促销专区，秋明挑选了一双一百多元的鞋子。妈妈忍不住调侃他："按照猪肉进行换算的话，这个鞋子比我们小时候十几元的鞋子更便宜。"秋明笑着说："妈妈，我可不选最贵的，我只选最合适的。我还在上学呢，花的是你跟爸爸的钱，所以不能铺张浪费。有朝一日我要是年薪百万，再买一千多块钱的鞋子也不迟。"妈妈赞许地对秋明点点头，说道："在花钱方面，我对你还是很放心的，绝不铺张浪费。"

如今，很多青春期孩子都追求名牌，一是因为他们爱慕虚荣，二是因为他们喜欢攀比。不可否认的是，名牌衣服和鞋子的确质量好，但是它们必然因为品牌知名度高而溢价高。对于距离实现经济自由还相差十万八千里的孩子而言，学会精打细算是很有必要的。其实，一两百块钱的普通品牌鞋子穿起来只要舒适合脚，就是最佳选择。

在社会生活中，不同的人收入水平不同，消费理念不同，因而对于品牌的认可程度和接受程度也不同。对于普普通通的工薪阶层而言，没有必要盲目追求名牌；对于年薪百万的成功人士而言，购买名牌商品毫无负担，所以能够提升生活的品质。由此可见，哪怕是成年人也无须与其他人攀比，只要选择适合自己的产品，过好属于自己的生活就是正确的选择。

成 长 加 油 站

　　青少年正值重要的学习阶段，要以学习为重，而切勿盲目追求名牌。有些青少年想和同学一样胡吃海喝，浑身穿着名牌，这显然是不现实的。学生都没有赚钱的能力，因而要始终坚持艰苦朴素、勤俭节约的作风，也要把更多的心思用于学习。

　　需要注意的是，父母要为孩子提供适度的经济条件，而不要过度克扣孩子。有些父母美其名曰对孩子开展勤俭教育，因而让孩子穿着已经破旧的衣服，或者是拒绝及时为孩子缴纳学校里的各种费用，这些都会导致孩子变得自卑。只有以为孩子提供恰到好处的物质条件和经济条件为前提，父母才能既避免孩子因为家里经济条件差而感到自卑，也引导孩子养成勤俭节约的良好习惯。

　　有些父母习惯于为孩子购买好所有需要的物品，而避免让孩子参与挑选和购物的过程，这并不利于培养孩子的购物习惯。**在为孩子购买各种产品时，父母要和孩子一起挑选，向孩子灌输 "只选合适的，不买价格贵的"这个标准，从而让孩子知道什么是性价比，也习惯于把性价比作为挑选质优价廉商品的首要考核标准。**

　　小 贴 士

　　避免盲目攀比和追求标准答案。帮助孩子认识自己的兴趣、性格、能力和价值观，鼓励他们探索真正适合自己的道路。成功没有单一模板，找到契合自身特质的方向，才能走得更远更快乐。

培养责任心

新生命从呱呱坠地开始就肩负着独属于自己的责任。随着不断长大，每个人肩膀上的责任越来越大，越来越重。责任，即每个人应该做到的事情。在家庭生活中，每个家庭成员扮演的角色不同，因而需要承担的责任不同；在社会生活中，每个社会成员所处的位置不同，因而必须肩负的责任也是有所区别的。例如，每当某个地方发生地震等自然灾害时，人民子弟兵第一时间就会奔赴当地救援，这是他们的责任；在校园生活中，所有老师都倾尽所有地把知识教授给学生，把道理讲述给学生听，既要帮助学生成才，也要帮助学生成人，这是他们的责任；在家庭生活中，随着新生命呱呱坠地，年轻的夫妻升级成为父母，他们哪怕不知道如何更好地照顾新生儿，也会通过读书学习、请教老人、自己摸索等方式尽量做得更好，这是他们的责任……由此可见，每个人都有每个人的家庭责任、社会责任，也只有肩负起这些属于自己的责任，我们才能成为合格的社会人。

每个人都要有责任心，才能勇敢地肩负责任，完成使命。反之，一个人如果缺乏责任心，那么他们既不会做自己该做的事情，也不会兑现自己的承诺，更不会因为道德约束和法律规定就坚持履行责任。长此以往，他们必然因为胆小怯懦、缺乏责任心、不能信守承诺而遭人唾弃，也被人疏远。

成长加油站

和成年人肩负的责任相比，青少年拥有哪些责任呢？

　　首先，青少年要对家庭负责。在家庭模式中，父母和长辈都毫无保留地对青少年付出，为此有些青少年以自我为中心，并不感恩父母和长辈，甚至还认为父母和长辈理应如此。这样的想法显然是错误的。在世界上，每个人都肩负着自己的责任，青少年也是如此。青少年正值重要的学习阶段，要以学习为重，与此同时，还要竭尽所能为父母分担家务。青少年尽管还不具备赚钱的能力，但是却可以成为省钱小能手，既不要铺张浪费挥霍金钱，也不要肆意浪费各种物品。家庭生活要细水长流才能持久，作为家里的小主人翁，青少年要发挥主动性，和父母齐心协力共建家庭生活。

　　在小龙读六年级时，爷爷患上食管癌，需要马上进行开胸手术。小龙的爸爸是独生子，在关键时刻必须去医院陪护爷爷，但是他又不放心让小龙和妈妈留在家里。看到爸爸担忧的模样，小龙挺起胸脯，对爸爸说："爸爸，你放心吧，我可以保护妈妈。"爸爸惊喜地抚摸小龙的头，说道："对啊，小龙已经是小男子汉了。有小龙在家保护妈妈，我完全可以放心。"

　　爸爸不但交给小龙保护妈妈的重要责任，而且安排小龙每天放学回到家里之后，先淘米煮饭，并且把家里的青菜择洗干净，这样妈妈下班回家就可以快速炒菜吃饭了。

　　在爷爷手术前夕，爸爸回到家里和妈妈商议凑手术费的事情。得知爷爷做食管癌手术需要十几万元，而爸爸妈妈又没有那么多钱，小龙毫不犹豫地拿出自己几年来积攒的压岁钱和零花钱。妈妈拒绝道："小龙，你的钱你留着，爸爸妈妈会想办法的。"小龙摇摇头，说："妈妈，爷爷比钱更重要。"爸爸趁此机会鼓励小龙，说道："小龙，你真是爷爷的好孙子，也是我和妈妈的好儿子。我为你骄傲！你真的愿意把所有的钱都给爷爷动手术用吗？"小龙当即点点头。后来，爸爸让小龙拿出一半的钱支援爷爷的手术费，而把剩下的钱继续积攒起来，留待不时之需。自从这件事情之后，小龙变得越来越懂事了。为了不让爸爸妈妈操心，他对学习的积极性也更高了。

在这个案例中，已经读六年级的小龙是很有责任心的。其实，责任心不是天生的，父母要在教育孩子的过程中，引导孩子学会承担责任。诸如，小龙主动提出要保护妈妈，还主动为爷爷和爸爸煮饭，更是在爷爷需要手术费的时候拿出自己的零花钱。妈妈不忍心用小龙的钱，所以表示拒绝，爸爸意识到这是培养小龙责任心的好机会，因而决定让小龙拿出一半的零花钱支援爷爷的手术费。在此过程中，小龙意识到孝敬老人不但要有口号，更要有切实的行动，必要的时候还要花费时间、精力和金钱。

在家庭生活中，难免会发生意外事件令人措手不及，每当这个时候，我们一定要把握时机对孩子开展责任心的教育。有些父母选择对孩子隐瞒家里的一些事情，这有助于保护小孩子，避免小孩子陷入恐慌。**对于青春期孩子而言，他们已经具备了一定的承受能力，是时候让他们参与家庭事务，承担家庭责任了。**

其次，青少年要对自己负责。在青春期，青少年最重要的任务就是学习，因为唯有坚持学习才能成才，将来为国家作出贡献。有些青少年沉迷于玩游戏，每时每刻满脑子想的都是游戏，这使他们压根没有心思学习。殊不知，青春期是最宝贵的学习时光，一旦错过了这个阶段，青少年等到长大成人开始工作之后，就很难有如此专注且投入的学习时光了。本着对自己负责的原则，青少年要消除干扰，摒弃私心杂念，全力以赴地投入学习之中。

最后，青少年要对社会负责。正如敬爱的周总理少年时所说，为中华之崛起而读书。青少年虽然还未成年，但却是国家的希望，未来要成为国家的栋梁之才。即便在青春期以学习为主，青少年也可以做一些力所能及的事情，为社会做出微小的贡献。例如，当某个地方遭遇灾难时，慷慨地捐献自己的零花钱或者压岁钱；当有人需要帮助的时候，热情地向对方伸出援手，拉对方脱离困境；还可以利用休息时间去孤儿院或者养老院等社会福利机构，为那些孤儿和老人表演节目，制造欢乐；还可以积极地参加街道组织的志愿者服务，尽管一个人的力量是有限的，但是当很多人的力量汇聚起来时，就能创造奇迹。**每个人都要肩负起属于自己的责任，才能成为家庭的顶梁柱，才能成为国家的栋梁之才。**在此过程中，我们既能够实现自身的价值，也能够证明自身的意义。人们常说，少年强则国强，那么青少年要从此时此刻开始勇敢地肩负起自己的责任，将来才能学有所成，报效祖国。

小贴士

责任心是立身之本。从小事着手，明确孩子的责任范围，并让他们承担后果。信任他们能做好，给予自主权。让他们承担责任的过程就是培养可靠、独立人格的过程。

诚实，是立世之根本

孔子创立了儒家学说，提出人无信不立的立世箴言。这里所说的信，指的是诚信。**每个人要想在世界上生存，就要以诚信作为立足人世的基础。**高尔基曾经说过："任何人唯有坚持诚实守信，才能拥有坦坦荡荡的人生。"

生命的旅程如此漫长，阳光尽管能普照大地，但是却常常照不到阴暗的地方，也时常无法驱散沉重的阴霾。每当这时，诚信就会散发出耀眼的光芒，既能够如同蜡烛照亮一间空屋子一样让人的内心世界充满光辉，也能够如同最强烈的阳光一样以势不可挡的力量穿透阴霾，让阴霾无处遁形。

诚实，是人生最美好的品质，也是狡诈和欺骗的克星。现代社会中，越来越多的人意识到人际关系的重要性，也意识到只有真心的朋友才是危难时刻最宝贵的财富，为此他们主动结交朋友，想要构建一张硕大的关系网。要想做到这一点，则必须以诚实作为人际交往和人际沟通的最佳媒介，这是因为唯独以诚实为前提，人们才愿意敞开心扉接纳他人，也才愿意毫无保留地倾诉心声。

成 长 加 油 站

那么，我们究竟如何定义诚实呢？直白地说，诚实要符合以下几个特征。

第一，诚实的青少年拥有真诚善良的心，既不会故意掩饰或者伪装自己，也不会脱离实际空洞地吹嘘。现实生活中，很多人特别虚荣，看重面子胜于一切，为此他们最擅长的事情就是掩饰自己的真实情况，而假装自己获得了极大的成功，刻意表现出一副成功者高高在上不可一世的模样。他们自以为聪明，却不知道所有虚假的表现都终究会露出破绽，最终他们不但无法维护自己的颜面，反而还会因为虚伪掩饰而遭到他人的嘲笑。诚实的人敢于面对一切真相，也敢于当着他人的面表现出自己的缺点和不足。

2002年夏天，有一位记者采访了著名物理学家丁肇中先生。

记者问道："大家都赞美您具有远见卓识，所以始终坚持正确的选择。那么，您是如何做到的呢？"

丁肇中答道："其实，我每次选择之前都不知道结果，只是侥幸正确而已。"

显然，记者被丁肇中的回答震惊了，赶紧追问："侥幸正确能达到这么高的比例吗？"

尽管记者很想引导丁肇中做出人们期望得到的回答，但是丁肇中依然答道："的确是侥幸，我在选择之前从未预见过结果。"

没有得到想要的回答，记者只得继续追问："那么，您是如何做到对自己的选择无怨无悔的呢？"

丁肇中忍不住笑起来，说道："迄今为止，我还没有后悔，因此我不知道如何回答这个问题。"

面对绝不粉饰自己的丁肇中，记者只好问道："您是举世闻名的物理学家，为何喜欢说不知道呢？要知道，大家都认为你是无所不知的。"

面对质疑，丁肇中毫不迟疑地答道："不知道就是不知道，我不能假装自己知道。"

在这次访谈中，记者原本对丁肇中充满好奇，也希望借由采访的机会向普通民众揭示丁肇中身上很多神秘的能力和特质。遗憾的是，丁肇中丝毫不顾及记者的引导，而是坚持根据真实情况做出真诚的回答。这既是因为他拥有诚实的优秀品质，也是因为他作为物理学家始终秉持以事实为依据的原则。他从不担心因为回答"侥幸正确"和"不知道"而有损于自己的公众形象，对他而言，科学的严谨精神才是做人和做事的根本，也是他最重要的人生原则。也许恰恰因为如此，他才能在物理学领域中做出杰出的贡献和伟大的成就。

在日常的生活和学习中，青少年要坚持学习丁肇中先生求真务实的精神，实事求是地对待所有事情。特别是对于学习，切勿不懂装懂，而是要做到不懂就问，且要不耻下问。当一个人对自己不诚实时，就会在学习和工作中造假，最终延误进步，积重难返。当一个人对他人不诚实时，最终会露出虚伪矫饰的马脚，最终自食苦果。

第二，诚实的青少年一诺千金，哪怕付出巨大的代价也要兑现承诺。说起诚实，很多人都会当即想起诚实的反义词，那就是欺骗和谎言。的确，对于一个诚实的人而言，最基本的要求就是不欺骗、不撒谎。然而，谎言分为恶意的谎言和善意的谎言，恶意的谎言会伤害他人，而善意的谎言则能够保护他人。此外，有些人出于自我保护、逃避责任等目的，一天之中会若干次撒谎而毫不自知，这也许是因为他们发自内心地认定这样的表达方式不属于撒谎的范畴。

以杜绝恶意谎言为前提，青少年要坚持信守承诺。对于承诺，诚实的青少年看得很重，哪怕需要克服一些困难，他们也会努力兑现承诺。那些不诚实的青少年则早就已经习惯了轻视诺言，常常把自己随口说出来的话抛之脑后。在家庭教育中，父母要以身作则，教会孩子信守诺言。有些父母常常哄骗孩子，过后又以各种理由对孩子食言，日久天长，孩子也会轻视诺言，失去诚信。有些父母很看重对孩子的承诺，哪怕因为客观条件的变化而无法当即兑现承诺，他们也会郑重其事地对孩子道歉，并且和孩子商讨以某种方式进行弥补。当父母的言传身教潜移默化地影响了孩子时，孩子自然就会一诺千金。

第三，诚实的青少年从不逃避错误，更不推卸责任。犯错，正是孩子成长的重要方式之一。正是通过不断犯错和坚持改正错误，孩子才能踩着错误的阶梯努力向上攀登。有些父母总是严厉地批评孩子，或者责罚孩子，这使孩子不敢承认错误，更不敢承担责任，并不利于培养孩子诚信的品质。因此，**父母要营造民主和谐的家庭氛围，尊重和平等地对待孩子，赢得孩子的信任，也让孩子在犯错之后敢于面对错误，积极地改正错误，也主动地承担责任。**毫无疑问，在这样的家庭氛围和亲子相处模式中，孩子将会快速成长起来。

诚实的孩子具有勇敢的品质，他们明知道承担错误了付出代价，依然毫不迟疑地认错，并且肩负起属于自己的责任。这使得他们付出了一些代价，甚至蒙受了损失，但是他们却渐渐形成了诚实的品质，也因此赢得了他人的尊重和信任，这是最难能可贵的收获。

第四，诚实的青少年能够坚持原则，拒绝利益的诱惑。现实生活中，很多人都会面临利益的诱惑，如果为了获得利益就放弃做人的原则和底线，那么人们必然付出沉重的代价。与此相反，如果为了坚持原则而放弃利益，那么人们就会获得更为长久的收获。

总之，青少年一定要形成诚实的优秀品质，为人处世时信守承诺，坚持原则和底线，坦坦荡荡，无所畏惧。这样才能畅行人生的道路，永享立世之根本！

小贴士

诚实是信任的基石。营造安全、非惩罚性的环境，鼓励孩子即使犯了错也要说真话。强调诚实的重要性，以及谎言带来的长期损害。父母以身作则，信守承诺，是培养孩子诚信的最好示范。

永远感谢老师

人们常说师恩难忘，这是因为在学习和成长的过程中，人人都需要得到老师的教诲和帮助。尤其是在实现人生理想的道路上，青少年难免会出现情绪波动，时而斗志昂扬，时而迷惘彷徨。随着不断成长，他们从坚定不移地相信自己，相信身边的父母和老师，到产生怀疑，既怀疑自己，也怀疑身边的其他人。

在小学阶段，孩子具有很强的向师性，对于任何事情，他们都对老师深信不疑，有些孩子宁愿不相信父母，也要相信老师。还有些孩子要求父母和他们一样相信老师。由此可见，他们的向师性达到了巅峰状态。然而，在进入青春期之后，这一切都改变了，青少年产生了怀疑精神，开始怀疑老师，质疑老师传授的知识和讲述的道理。有些青少年公然表示藐视老师，质疑老师，甚至与老师对抗。

成 长 加 油 站

需要注意的是，虽然青少年产生怀疑精神是随着成长自然而然产生的现象，但是，他们却不能因此不尊重老师。在小学阶段，孩子对老师怀着盲目的信任和崇拜。在青春期，孩子一旦发现老师也会犯错，就会冲动地推翻老师。人非圣贤，孰能无过。在这个阶段，孩子要认识到每个人都会犯错误，包括父母，也包括老师。在此过程中，父母要维护老师的形象，认可老师的权威，也给孩子树立尊师重教的好榜样，这样才能培养孩子对老师的尊重之心，也培养孩子对老师的感恩之心。

对于青少年而言，他们对老师的感情不再简单纯粹，而是变得复杂。小学阶段，孩子在学校以外的地方遇见老师，可能会热情地与老师打招呼，生怕老师没有看到自己。在初高中阶段，孩子却很有可能会故意躲避老师，只有在迎面撞见老师的情况下，他们才会心不甘情不愿地与老师打招呼。因为初高中阶段学习任务特别繁重，学习节奏越来越紧张，所以孩子承受着学习压力，常常因为学习艰苦而归咎于老师，责怪老师不该给他们布置那么多作业，也不该总是揪着他们的学习成绩不放。殊不知，虽然现代社会提倡素质教育，但是中国迄今为止最公平最广泛的人才选拔方式依然是千军万马过独木桥的高考。作为负责任的老师，一定会想方设法提升孩子的学习成绩，哪怕因此而招致孩子厌烦，甚至被孩子仇视，他们也在所不惜。

人生看似漫长，实则如同白驹过隙。孩子从六岁读一年级开始，未来的十几年都要在学校里接受系统的教育，坚持系统地学习，与老师朝夕相伴。古人云："一日为师，终身为父。"其实这是尊师重教的表现。在这个世界上，只有老师和父母一样热切地盼望着孩子能够通过学习改变命运，也只有老师和父母一样对孩子毫无私心，唯愿孩子以知识和技能构建崭新的人生。

在三年的高中生涯中，每天白天，老师都站在三尺讲台上口干舌燥地讲述各种知识；每个夜晚，老师依然留在教室里陪伴同学们，督促同学们继续刻苦学习。即使到了深夜，他们还会在灯光下伏案疾书，为第二天的授课做好准备，或者批改同学们刚刚上交的作业，只为了能及时给予同学们反馈。在整个学习阶段，老师甚至比父母更了解孩子的学习情况，也比父母更关注孩子的学习情况。作为父母，要密切配合且全力支持老师的教育教学工作。作为青少年，则要了解老师的良苦用心，感谢老师的付出，遵从老师的教诲和引导。

在人生的漫长旅程中，如果能够遇到一位好老师，发自内心地热爱教育事业，也真诚地为孩子好，那么孩子就是幸运的。老师是孩子学习的陪伴者，是孩子成长的领路人，他们见证了孩子的成长，也为孩子的点滴进步欣喜万分。时代要想进步，社会要想发展，国家要想强盛，都离不开老师的无私奉献。在社会生活中，老师理应享有更高的社会地位，唯有全社会所有人都尊师重教，教育事业才会繁荣发展。否则，一旦老师传道授业解惑的工作出现断裂，那么社会就会出现严重的退步，也会在极短的时间内衰败落后。

全国优秀教师李静毕业于上海师范学院，毕业后，她作为支教老师来到了四川省大凉山的山区里，为孩子们传授知识。然而，大凉山实在太偏僻闭塞了，很快，李静就动摇了留在大凉山的念头，想要回到繁华的都市。得知李静老师要离开，孩子们全都挽留李静。善良的李静被感动了，再次决定留在大凉山，为大凉山的教育事业贡献自己的青春年华。转眼之间，她已经在大凉山的讲台上站了十几年。

38岁那年，李静患上癌症，拖着被病痛折磨的身体，为同学们上了最后一课——《为中华之崛起而读书》。在我们的国家里，有很多老师都和李静一样宁愿放弃繁华的都市，也要留在偏僻贫瘠的山区、乡村教书育人，也有很多老师和李静一样选择带病给孩子们上课。他们理应得到孩子们永远的感恩，也理应得到孩子们永远的尊重和爱戴。

丽江华坪女子高级中学校长张桂梅当选感动中国2020年度人物，并荣获"七一勋章"和全国道德模范荣誉称号。她被人们誉为"燃灯校长"。在漫长的教师生涯里，她不但呕心沥血教育学生，而且节衣缩食援助学生，为一个个孩子点燃了人生的希望。作为一个平凡的女性，张桂梅的一生是伟大的。作为一名老师，她以身践行了"春蚕到死丝方尽，蜡炬成灰泪始干"。

在青春期，孩子正处于身心快速发展、品格塑造的关键时期。只有感恩老师，尊重老师，孩子才能保持向师性，也才能成人成才。如果说孩子是祖国的花朵，那么老师则是辛勤的园丁。老师不仅向孩子传授知识，讲述道理，在危急时刻，老师还会勇敢地保护孩子，哪怕面临失去生命的风险。2007年，在汶川地震中，谭千秋老师以血肉之躯伏身在课桌上，保护了四个孩子。面对可以牺牲自己以保护学生的老师，我们如何能不满怀敬意呢？

　　古往今来，老师始终是知识的传播者，也是精神和文明的传承者。青少年一定要尊重和感谢老师，也要接受老师爱与知识的滋养，才能身心健康地快乐成长。

小贴士

　　尊师重教是美德。引导孩子理解老师的付出与辛劳，感恩老师的教导和关怀。教导他们用礼貌、尊重、认真学习的态度表达感谢。即使有不同意见，也应通过合适方式沟通。感恩之心有助于建立和谐的师生关系。

营造生活的仪式感

现代社会发展迅速，每个人都面临着忙碌的生活和工作，连喘息的时间都没有，与此同时也承受着巨大的生存压力。尤其是成年人，他们既要赡养老人，又要照顾孩子，还肩负着繁重的工作任务，往往如同陀螺般旋转不停。为人父母者最大的心愿就是为孩子提供更好的条件，为此他们只能全力以赴地拼搏，几乎每时每刻都在忙碌。在不知不觉间，他们忽略了孩子，更少有时间陪伴孩子。他们错过了孩子的生日，错过了孩子的开学典礼，错过了孩子的舞台表演，错过了孩子点点滴滴的成长与进步。正是因为如此，父母才不能在孩子需要的时候给予孩子仪式感。有些父母对此不以为意，认为只有给孩子提供丰厚的物质基础和优渥的经济条件，才是对孩子最好的爱。殊不知，大多数孩子并不会在物质和金钱方面特别匮乏，所以哪怕父母给予他们更好的成长条件，也不会提高他们的幸福感和满足感。对于从小衣食无忧的孩子而言，反而仪式感更能够让他们切实感受到父母的关爱与呵护，也能大大提升他们的幸福感。如果孩子从小就能获得生活的仪式感，也在仪式感中感受到父母无微不至的爱和细致入微的关心，那么他们就会潜移默化受到父母的影响，也对生活怀有更多的期待，并且会身体力行地为生活创造更多的惊喜。

成 长 加 油 站

正如人们常说的，生活需要仪式感。从本质上来说，仪式感是人们直接表达内心深处真情实感的最佳方式。有人把仪式感与盛大的节日庆祝混为一谈，其实仪式感与盛大的节日庆祝有着根本上的不同。盛大的节日庆祝，往往是以国家规定的方式明确节日的日期，有的时候组织机构还会举行庆祝活动。仪式感则不同，仪式感是人们自发创造的一种表达形式，或者别出心裁直击人心，主打感情牌，或者隆重盛大感动他人，主要是以付出的方式赢得他人的心。生活中，我们可以借助各种特殊的时刻营造仪式感，也可以在平常的日子里举行特殊的仪式。例如，孩子过生日时，父母不但准备了蛋糕糖果和丰盛的餐食，而且特意邀请孩子的朋友一起庆祝，这样的仪式感会让孩子感受到父母满满的爱，也会认识到自己是值得珍爱的；父母在结婚纪念日互赠礼物，还会当着孩子的面拥抱彼此，表达对对方的爱意和感谢之意，这样的仪式感有助于培养孩子的爱情观，让孩子对婚姻生活充满渴望和憧憬。对于那些没有仪式感的人而言，给孩子过生日，或者是过结婚纪念日都是过于烦琐和兴师动众的事情。他们总是尽量简化所有的事情，也有意或者无意地忽视很多重要的日子。有仪式感的人与他们截然相反，总是会把寻常日子的一些事情也变得趣味盎然，充满仪式感。

对于仪式感，可以不拘泥于形式，也不必盲目地追求隆重。真正的仪式感是镌刻在骨子里的，哪怕只是面对生活中的小事，也能表现出情趣和热爱。总之，仪式感是不可或缺的。**在成长的过程中，青少年既要配合父母营造仪式感，也可以发挥主动性，以各种别出心裁的方式提升家庭生活的仪式感。**

刚刚放学回到家里，小艺就兴致勃勃又神秘兮兮地对妈妈说："妈妈，今天我们有一项特殊的作业，是必须完成的，而且与你有关。"妈妈略作思考，问道："难道你们又要写《我的妈妈》这篇作文吗？小学时不是写过了吗？你还在作文里说我是河东狮呢。天知道你这次会怎么丑化我的形象呢！"

看着妈妈担忧的样子，小艺忍不住哈哈大笑起来，说道："妈妈，放心吧，我们作为高中生不会再写那么幼稚的作文啦。其实，今天的作业是要给妈妈洗脚。"妈妈表现出抵触情绪，赶紧说道："哎呀，你就假装已经做过了，可千万别真的给我洗脚，我受不了你提前这么孝敬我。"小艺坚持说道："妈妈，不行，老师再三告诫我们必须完成这项作业，明天还要以抽查的方式询问我们给妈妈洗脚的感受呢。你就配合一下吧，我的好妈妈，你不希望我因为没完成作业被老师批评吧？"

吃完晚饭，小艺郑重其事地打来一盆热水，摆在妈妈的面前，又不顾妈妈的拒绝，坚持帮助妈妈脱掉袜子，把妈妈的脚放在温热的水里。她一下又一下地摩挲着妈妈的脚，发现妈妈的脚后跟有很多死皮，还裂开了两个口子。原本兴高采烈、嘻嘻哈哈的她突然热泪盈眶，问妈妈："妈妈，脚后跟裂口子，走路肯定很疼吧。等到我像你一样大，脚后跟也会裂口子吗？"妈妈告诉小艺，是因为她生下小艺坐月子的时候脚后跟受了凉才会裂口子。小艺忍不住哭起来。她说："妈妈，我知道老师为何要求我们必须完成这项作业了，因为只有亲手抚摸着妈妈的脚，我才知道妈妈多么辛苦。"让妈妈惊喜的是，原本叛逆的小艺自从亲手给她洗脚之后变得懂事了，再也不和妈妈针尖对麦芒地吵架，还主动帮助妈妈分担家务呢。

让孩子完成给妈妈洗脚的任务，对于孩子而言就是一项充满仪式感的特殊作业。在平常的日子里，孩子们总是心安理得地享受着父母的照顾和关爱，而从未真正理解和体谅父母的辛苦，更没有产生对父母的感谢和感恩之心。通过这样的仪式，孩子们对父母产生了别样的感情，这既有助于对孩子进行亲情和孝道的教育，也有助于拉近亲子关系，增进亲子感情。

其实，很多学校都曾给孩子布置过给妈妈洗脚的特殊作业，只是真正完成这项作业的孩子少之又少。究其原因，是因为妈妈本身缺乏仪式感，不想配合孩子完成这项作业，此外，也是因为孩子没有深刻认识到这项作业的特殊意义。**在家庭教育中，父母首先要有仪式感，才能培养孩子的仪式感**。此外，在和孩子一起营造仪式感的过程中，父母能有更多的机会与孩子沟通，对孩子进行言传身教。

生活需要仪式感。借助于仪式感，我们才能把深藏于心的感情宣之于口，既大声地说出自己的爱，也让对方感受到我们的爱。一直以来，我们都很内敛，习惯于把最深刻真挚的感情藏在心底最深处。在亲子相处中，如果孩子注重在特殊的日子里向父母表达爱意，父母注重夜晚临睡前与孩子互道晚安，那么亲子互动就会更加频繁密切，亲子感情也会更加深厚绵长。

小贴士

仪式感为平凡日子赋予意义和记忆点，可以是家庭传统、学习习惯，或自我奖励。这些仪式能增强归属感、目标感和对生活的热爱。

爱，需要了解和尊重

人世间，得到他人的爱无疑是最幸福的，毕竟人人都渴望被爱，成为他人捧在掌心里呵护的宝贝。然而，正如古人所说的，凡事皆有度，过度犹未及。哪怕是人人渴望得到的爱，一旦失去合理的限度，也会变成沉重的负担，令人避之不及。有的爱之所以过度，是因为没有以尊重和平等对待为前提。例如，很多父母盲目地爱孩子，而从未想过孩子需要怎样的爱。这就使亲子相处陷入了一种矛盾的状态，即父母倾尽所有地对孩子付出，而孩子因为父母的爱而感到压抑，窒息，甚至恨不得想要逃离。

现代社会中，大多数家庭只有一个孩子，为此孩子在成长的过程中获得了父母毫无保留的关爱和细致入微的照顾。尤其是当新生命呱呱坠地时，看着孱弱无助的孩子，父母更是全身心投入地满足孩子的生理需求，希望孩子身体健康地成长。然而，随着逐渐长大，孩子的主要需求发生了变化。如果说孩子小时候缺乏自理能力，必须依靠父母才能满足吃喝拉撒的需求，那么在进入青春期之后，孩子已经具备了一定的自理能力，可以保证自身的基本生存需求，因而他们更加需要精神的支持和情感的满足。在这种情况下，如果父母不能跟紧孩子成长的脚步，给予孩子真正需要的爱，那么亲子关系就会因为理解错位而变得不够和谐。对于父母而言，与其以爱孩子的名义，强制孩子接受他们本不需要的爱，还不如**尊重孩子的需求，适度地保持边界感，有分寸地爱孩子，这样反而能够满足孩子更高层次的心理需要和情感需求。**

遗憾的是，很多父母并没有意识到了解和尊重孩子的重要性，他们只顾着埋头爱孩子，而从未真正走入孩子的内心世界。这使很多父母与孩子的沟通都是单向的，即父母自说自话，孩子毫无回应或者敷衍了事。一切类型的亲子教育，都要以良好的亲子关系和顺畅的亲子沟通为前提和基础，这一点毋庸置疑。在长期被父母关爱的过程中，青少年也会对爱形成误解，认为爱就是给予。面对爱，他们更是错误地认为自己只能选择接受。这当然会影响孩子学会表达爱，也会影响孩子根据自身的需要判断是否接受爱。

对于爱，每个人都有不同的理解，有人认为爱是包容，有人认为爱是尊重，有人认为爱是付出，有人认为爱是体谅，有人认为爱是接纳，有人认为爱是关切……因为人人对爱的理解都是不同的，所以人人表达爱的方式也都是不同的，对于爱的需要更是千差万别。

在成长的过程中，青少年要从家庭生活中感受到爱，也学会如何去爱，才能理解爱的真谛，也成为传播爱的使者。爱首先是尊重，其次才是由尊重衍生出来的各种其他感情，诸如理解、忍耐和包容等。一旦失去尊重这个大前提，爱就无法存续，很有可能渐渐变质，反而成为误解的源头。

那么，什么才是尊重呢？**尊重，即不要凭着自己的喜好对他人付出，而是要认真倾听他人的心声，了解他人的真实需求，给予他人想要的东西。**爱既不是勒索，也不是强求，而是心甘情愿地付出，以满足他人。在爱情中，真正爱一个人的表现是放手。因为爱，就是希望对方更自由、更满足、更幸福。父母对孩子的爱也应该如此。父母的爱不能限制和禁锢孩子的成长，也不要束缚孩子的翅膀，更不要阻碍孩子自由自在地飞翔。有些父母特别自私，希望孩子能够按照父母的意愿选择人生的道路，这无疑剥夺了孩子选择人生的权利。有些父母则洞察爱的真谛，知道且尊重孩子是独立的生命个体，不但要看着孩子的背影渐行渐远，还要祝福孩子创造出属于自己的人生天地。

成 长 加 油 站 ──────────────────────

要想消除爱的误解，要做到以下几点。

首先，要倾听对方的心声，了解对方的真实想法和喜好，这样才能做到了解对方，投其所好。在生活中，我们常常因为爱对他人产生误解，例如孩子误以为妈妈喜欢吃鱼头是假，认为妈妈只是想把鱼肚子上细嫩少刺的肉留给孩子吃，其实有很多妈妈真的喜欢吃鱼头。孩子与其揣测妈妈只是假装吃鱼头，因而与妈妈抢着吃鱼头，不如开诚布公地和妈妈谈一谈，明确妈妈究竟喜欢吃鱼的哪个部位。对于父母而言，也是如此。大多数父母都一厢情愿地把自己认为好的一切都奉献给孩子，不但给孩子提供最丰厚的物质条件和最充足的金钱，还拼尽全力为孩子做出牺牲，却从未问过孩子是否真的需要这些。例如，有些父母担心孩子不适应转学，因而拒绝了公司提供的绝佳工作机会，选择陪伴孩子留在熟悉的城市里继续读书。殊不知，孩子的适应能力是很强的，说不定他们对父母被调遣去的城市特别喜欢，特别憧憬呢。由此可见，只有保持开诚布公的交流，才能消除误解，达成真正的一致。

其次，青少年在与人交往中，要有限度地为他人着想，这样既能避免迷失自我，也能避免产生误解。

最后，坚持开诚布公，求同存异的原则。在这个世界上，每个人都是独立的生命个体，绝不可能与他人完全心意相通。在人际交往中，青少年要坚持开诚布公的原则，敞开心扉对待他人，每当与他人出现意见分歧时，还要尊重和理解他人的观点。记住，切勿试图以强硬的态度说服他人，或者强制要求他人，只有求同存异，关系才能健康发展，更长久地存续。

总之，不管是哪种类型的爱，都要以尊重为前提，以了解为目的。如果能建立良好的沟通，那么爱就会爆发出强大的能量，也能创造生命的奇迹。在青少年的世界里，爱一定要大声说出来，也要勇敢地表达出来。爱，既是宣言和口号，也是行动和力量。

在成长的旅途中，优秀品质如同璀璨星辰，照亮前行的道路。感恩、宽容、尊重、责任、诚实、尊老爱幼……这些美德不仅构筑了人格的基石，更搭建了通往成功与幸福的桥梁。学会感恩每一次遇见，宽容每一份过错，尊重每一种差异，我们才能在复杂多变的世界中，找到最适合自己的位置。爱，是理解与尊重的结晶，它教会我们如何以温柔的力量守护身边每一个人。让优秀品质成为生命的底色，共同绘就一幅幅温馨和谐、积极向上的生活画卷。

小贴士

无论是亲情、友情还是朦胧好感，真正的爱都建立在了解与尊重之上。教导孩子用心了解对方，尊重对方的选择和独立性。健康的爱是相互支持、共同成长，而非占有或控制。

第 五 章 05

树立人生标杆，让正确
价值观成为定海神针

Positive
psychology

读书，是改变命运的捷径

进入青春期，学习的任务越来越繁重，学习的压力日益增大，学习再也不像小学阶段那样令人轻松愉悦，而是需要学生们拼尽全力，争分夺秒。很多青少年都感到迷惘和困惑，一是不知道读书的意义是什么，二是不知道未来将会有怎样的收获。一时之间，他们感到前途未知，命运未卜，因而惶恐不安，不知所措。

看着讲台上的老师不知疲倦地讲述知识，看着家里的父母满怀期望地凝视着自己，他们不知道老师和父母为何总会劝说他们好好学习。有些青少年对读书和学习产生了错误的认知，认为无论是努力读书，还是刻苦学习，都只是为了让父母感到满意，也是为了让老师感到欣慰。为此，他们一旦感到学习辛苦、读书疲倦，就会如同泄了气的皮球一样倦怠、乏力。毕竟，如果只是为了让他人欣慰或者满意，哪怕对方是孩子最爱的父母和最尊敬的老师，也无法激发孩子内心强大的驱动力，更无法让孩子始终保持顽强的意志力。

成 长 加 油 站

在家庭教育中，很多父母想方设法激励和督促孩子读书，却收效甚微。父母哪怕苦口婆心地劝说孩子读书，或者告诫孩子如果不好好学习就没有出路，也无法使孩子产生紧迫感，更无法让孩子产生危机意识。这是因为对于孩子而言，未来是很遥远的，他们心智发育不成熟，还无法顾及在遥远未来的很多事情。因此，与其从各个方面旁敲侧击逼着孩子读书，不如直截了当，**让孩**

子明确读书是为了自己，以此来激发孩子的学习内驱力，让孩子心甘情愿地努力学习，全身心地投入学习中，对学习产生深厚的兴趣。

———★

　　自从升入高中，房明不再像初中阶段那样在学习上占据优势，轻轻松松就能在班级和年级名列前茅。因为高中阶段的学习难度更大，身边优秀的同学林立，所以房明在开学第一次摸底考试中只考到了班级三十多名、年级两百多名的名次。看到这样的排名，别说是爸爸妈妈马上如临大敌了，就连房明也忐忑不安起来。周末，房明回到家里，妈妈一直唠唠叨叨督促房明学习，还告诫房明不能及时提升成绩和名次的严重性。对此，房明不以为意，他敷衍了事地安慰妈妈："妈妈，高中的同学和初中的同学完全不是一个档次的，高中的同学个个都是学霸，初中的同学大部分都很平庸。所以，你要接受我现在的排名，不要对我抱有过高的期望。很抱歉，以后开家长会时，你就不能再像参加初中家长会时那样有优越感了。"

　　听到房明的话，妈妈哭笑不得，她意识到房明领会错了学习的含义，因而正色告诉房明："房明，你学习可不是为了让妈妈开家长会有面子，而是为了你自己。如今，各行各业竞争都很激烈，你要是不能好好学习，考上理想的大学，将来就找不到好工作，生存会变得很难。对于老师来说，铁打的学校流水的学生，一个学生甚至是一届学生考不好，老师顶多遗憾一会儿，很快他们就会迎接新生的到来。再退一步说，就算老师教不出考上名校的学生，他们也还是老师。但是，对于学生呢？大部分学生的家境都很普通，父母也不是大富大贵，所以他们只能靠自己通过高考改变命运。你啊你啊，千万不要认为读书是为了老师或者父母，要深刻认识到读书就是为了你自己。"房明陷入沉思，虽然已经读高一了，他从未想过学习居然与自己的命运联系如此紧密。妈妈继续说道："现在，我和爸爸努力工作，尽量为你提供良好的成长和学习环境，也供养你维持较高的生活水平和生活质量。有朝一日我和爸爸老了，你能靠着自己继续维持现有的生活水平和生活质量吗？没有人能确保一个人小时候衣食无忧，长大了也能衣食无忧。归根结底，将来你还是要靠自己。"

　　为了激发房明的学习内驱力，让房明在重点高中里与身边更加优秀的同学们展开竞争，一较高下，妈妈还特意利用国庆节假期带着房明去北京和上海旅游，让房明参观北大、清华、复旦等大学校园，感受大学里深厚的文化底蕴和浓郁的学术氛围。房明明确了自己的目标——考入清华大学，成为国之栋梁，将来能够立足中国，放眼世界，推动全人类的发展和进步。爸爸妈妈都全力支持房明实现梦想，也坚信房明只要不懈努力，一定能够实现伟大的梦想。

在这个案例中，房明原本以为学习只是为了让父母的脸上增光，因此面对重点高中里竞争激烈的现状，他情不自禁地选择了躺平。妈妈敏感地意识到房明的心态转变，因而及时地对房明进行引导和教育，也让房明切身意识到学习是关乎他前途和命运的大事，甚至在很大程度上决定了他将来能够创造出怎样的人生。为此，他端正学习的态度，奋发图强，全力以赴投入学习之中。

很多青春期孩子按照父母的规划学习和成长，从未意识到学习有多么重要，因而他们缺乏内部驱动力，也缺乏学习的强劲动力。在顺遂的环境中，这样的孩子尚且能够按部就班地推进学习，而一旦学习上进入逆境，面临重重困难和阻碍，他们就会因为后继乏力而出现严重的退步。对于孩子的学习，父母一定要坚持激发孩子的学习欲望和学习动力，而切勿本末倒置，要求孩子实现自己没有完成的心愿，要求孩子给自己的脸上增光，也要求孩子不要拖班级的后腿。**每个孩子之所以如饥似渴地学习，一定是为了自己。**孩子既要以学习为本职任务，也要认识到学习的重要性和必要性，才能迎难而上，攻克学习的难关。

小贴士

父母要强调读书是拓宽视野、提升能力、增加选择权的重要途径，引导孩子看到知识的力量，激发内在学习动力，享受探索和成长的乐趣。学习不仅为应试，更为认识世界、认识自己、拥有更广阔的人生。

人，一定要有梦想

众所周知，如果一个士兵从来不想当将军，那么他一定不是合格的士兵，更不是优秀的士兵。其实，无论是当兵还是当学生，抑或者是从事某项工作，我们都要树立远大的理想和志向，也以此确立人生目标，从而保证正确的人生方向。否则，如果一个人没有人生目标作为指引，就会很容易迷失方向，还会偏离正轨，使得他们陷入南辕北辙的误区，即使具备有利的条件，也付出了艰苦卓绝的努力，最终轻则一事无成，重则事与愿违。

古人云："有志者事竟成"这句话告诉我们，一个人只有确立伟大的志向，才能凭着不懈努力获得成功。需要注意的是，树立志向既要远大，以起到指明方向的作用，也要符合实际，这样才能避免好高骛远。很多人在树立志向之后，陷入了自我陶醉之中，误以为只要有了志向就能获得成功。殊不知，有志者事竟成是需要诸多条件的，例如坚持努力、克服困难、全心投入、团结合作等。如果徒有不切实际的伟大志向，而没有脚踏实地的实干精神，也没有坚持到底的决心和毅力，那么很难如愿以偿。

如今，世人都知道拿破仑的名言——不想当将军的士兵不是好士兵，其实，拿破仑当时还说了另一句话，即"当不好士兵的士兵绝不可能当好将军"。由此可见，当好士兵是当上将军的前提条件，也是当好将军的必要条件。

进入青春期，很多孩子都会犯眼高于顶、好高骛远的错误。对于未来，他们沉浸在不切实际的幻想中，常常认为自己生来与众不同，注定要做惊天动地的大事情。试问，如果一个人连小事情都做不好，又如何能做好大事情呢？

青少年正值学习的关键时期，只有戒骄戒躁，脚踏实地地努力，勤奋刻苦地做好每一件小事情，才能距离自己的人生理想越来越近。从人生的角度来说，人生大厦的建立绝非一蹴而就的，而是需要在漫长的时间里循序渐进才能完成的。人生首先要夯实基础，其次才能平地起高楼。很多青少年认为基础教育不重要，因而不能全心投入学习基础知识。其实，如果脱离基础知识，那么任何高深的知识都无法扎根。为此，青少年要端正学习的态度，老实本分地坚持学习系统的基础知识，继而才能激发自身的巨大潜能，在未来更高层次的学习中有杰出的表现。

成 长 加 油 站

学习正如爬山，既需要抬头遥望山顶，明确地把山巅作为目标，也需要低下头来，一步一个台阶地努力向上攀登。有些人爬山从不抬头看，只是闷头往上爬，很有可能在半路迷失方向；有些人只顾着仰望山顶，未免感到头昏目眩，甚至险些滚落下来。只有在爬山之前明确山巅所在，在爬山过程中低头专注于脚下，才能保证一步一个脚印，接近山巅。这就是人生，既要有诗和远方，也要有当下的专注和执着。

青春期是人生之中最重要的时期。进入青春期，孩子的身体快速成长，心智加速成熟，也开始形成各种重要的人生观念。与此同时，孩子也要树立人生的梦想，以明确人生的目标，保证人生始终有着正确的方向。这才是重中之重，也才能激励自己爆发出巨大的潜能。

生命仿佛一条长河连绵不断，所以每个阶段都是彼此关联的，环环相扣，缺一不可。在成长的过程中，青少年需要完成完整的生命环节，才能形成流畅的生命线条。唯有以梦想指引，青少年才会坚持努力，做好充分的准备，为未来的成长奠定基础。

秦始皇统一六国后，受到匈奴侵犯，只能征集百姓修建长城抵御侵犯，后来又耗费国力修建了阿房宫。在秦始皇去世后，秦二世即位，对老百姓施行酷刑，征收重税，使民怨沸腾。公元前209年，出身贫苦的吴广和陈胜和其他壮丁一起被押解去渔阳戍边，却因为半路上天降大雨耽误了行程，人人都担心因此丢掉性命。既然横竖都是一死，陈胜索性号召大家起义，联合起来对抗秦朝。为了笼络人心，陈胜和那些响应号召决定起义的人，还利用当时人们的封建迷信思想，使大家都相信陈胜率领起义是天意。最终，陈胜和吴广斩木为兵，揭竿为旗，开始了与秦朝的战争。

其实，陈胜早在当雇农的时候，就有了有朝一日飞黄腾达的鸿鹄之志。那一天，他和其他雇农在辛苦劳作之后坐在田间地头休息，他说："有朝一日我飞黄腾达了，一定不会忘记你们。"对于陈胜的异想天开，其他雇农都感到特别好笑，他们全都认为一个雇农是无论如何也不可能飞黄腾达的。谁能想到数年后，陈胜居然自封为王，成为了农民起义军的首领人物呢！

由此可见，陈胜之所以能改变命运，是因为他有改变命运的决心和野心，即拥有远大志向。

在西方国家，有个富人调查了穷人为何一直受穷的原因，结果发现，和富人相比，穷人缺少的不是胆识气魄、知识技能，而是野心。很多穷人安守本分，完全认命，因而从来不曾与命运博弈。正是因为如此，很多穷人才会世世代代受穷。而那些有野心的穷人，哪怕正身陷困厄，也会努力地改变命运，寻找人生的契机。

梦想，就是人生的光，也是人生的引航灯。在拥有梦想之后，我们就能驱散黑暗，看到前进的方向；在拥有梦想之后，我们就会具有更强大的力量，迎难而上，无所畏惧。

古今中外，无数拥有梦想的人都创造了生命的奇迹。例如，美国总统罗斯福因为一场意外患上了小儿麻痹症，不得不在轮椅上度过后半生。换作别人，也许会因此自怨自怜，但是罗斯福依然坚持梦想，最终成功当选美国总统，并且连任四届，成为美国历史上影响力最大的总统之一。正是梦想让罗斯福拥有了战胜厄运、创造奇迹的力量。在人类发展的历史长河中，正是因为人类始终坚持探索生命的奥秘，所以才能创造无数生命的奇迹。因此，青少年也要树立梦想，并且在梦想的指引下奔赴远方。

小贴士

梦想是指引人前进的灯塔和动力的源泉。鼓励孩子敢于追寻梦想，并引导他们将大梦想分解为具体、可行的小目标。保护他们的梦想，即使不切实际，也不轻易嘲笑。拥有梦想的人，生活更有方向和热情。

学习需要充足的动力

近年来，青少年自杀的事件时有发生，一是因为青少年从小生活优渥，没有经受过任何挫折，所以心理脆弱，承受能力差；二是因为青少年的学习压力越来越大，让他们感到不堪重负。不知道从何时起，学习不仅仅是青少年坚持成长的重要方式，而是成为了压死青少年的最后一根稻草，还成为了青少年与父母之间产生隔阂与裂缝的根本原因。

如今，大多数父母都陷入了教育焦虑状态，他们把成年人生活中的压力转嫁给孩子，美其名曰这样做是为了孩子将来有好前程，因而想方设法地逼迫孩子学习。有些孩子有学习的天赋，所以在父母的逼迫下能取得不错的成绩；有些孩子原本就不适合学习，哪怕父母殚精竭虑地逼他们，他们也不能取得令父母满意的成绩。可想而知，孩子一方面要坚持努力学习，承受学习失意带来的打击和压力；另一方面还要受到父母的批评和指责。更糟糕的是，有些父母误认为孩子故意偷懒，不愿意全力以赴投入学习，还会以严厉的措施惩罚孩子。在学校里，很多老师也唯分数论，一旦看到孩子学习成绩不好，甚至严重拖了班级的后腿，就会当着全班同学的面挖苦讽刺孩子。在这样的多重压力下，孩子难免心灰意冷，认为活着毫无乐趣可言。

当看到父母总是盯着自己的学习，无比看重自己的成绩，青少年未免会产生怀疑：在父母心中，我只是学习的机器吗？父母养育我，只是为了让我学习出色给他们脸上增光吧。既然我不能在学习上让父母满意，那么我活着还有什么意义呢？当青少年产生这样的消极想法，对父母的爱感到失望时，他们就很容易进入思想的误区，也会因此走上不归之路。

成 长 加 油 站

对于父母而言，一味地强制要求孩子学习，如果孩子不愿意配合，那么必然收效甚微。**明智的父母都知道，要先与孩子联络感情，建立深厚的感情基础，也维持良好的亲子关系，这样孩子才会对父母更加信服，也愿意采纳父母的合理建议，从而有效提升学习成绩。**具体来说，就是要激发孩子的学习动力，而非仅仅依靠外部的力量驱动孩子。

学习仿佛变成了亲子之间残酷的战争，尽管没有弥漫着硝烟，但是却异常惨烈，令人心痛。近年来，很多青少年因为不堪忍受学习的压力而选择从高高的楼上一跃而下，这已经成为广泛的社会现象，理应得到全社会的关注，也理应得到有效的解决。与其说孩子病了，不如说整个社会病了，所有的父母也病了。学习是漫长的过程，需要孩子长期努力，坚持不懈，投入大量的时间和精力，才能有所收获。但是，如果父母太过急迫，恨不得孩子当即就能学有所成，成人成才，那么这无异于揠苗助长。

有些父母抱怨孩子特别懒惰，不能做到积极主动地投入学习。其实，正如成年人不想每天都上班一样，孩子也不想每时每刻都学习。毕竟学习是枯燥的事情，哪怕是那些学习成绩好的学生，也未必是发自内心热爱学习的。从某种意义上来说，他们只是更加明确学习的重要性和深远意义，能以超强的自控力和自律力约束自己的行为，让自己坚持学习。

学习的力量包括外部驱动力和内部驱动力两种。所谓外部驱动力，是来自外部的力量，维持的时间相对较短，起到的作用也是有限的。所谓内部驱动力，是来自孩子内心的力量，维持的时间相对较长，起到的作用更加强劲持久。毫无疑问，父母借助于外力促使孩子学习，效果是极其有限的。父母要致力于激发孩子的内部驱动力，这样孩子才能一直保持学习的积极状态。具体来说，**父母要引导孩子认识到读书是为了自己，也要帮助孩子树立远大的目标和梦想，还要让孩子通过在学习上获得进步而感到满足，并产生成就感。**

在任何情况下，金钱和物质都不能激发出孩子持久学习的动力和毅力。因此，父母要尊重孩子的成长节奏，耐心等待孩子迎来属于自己的花期，也要认识到学习关系到孩子成长的方方面面，坚持和孩子共同成长，共同进步。

小贴士

动力来源于内在兴趣和外在价值。帮助孩子找到学习的个人意义，设定清晰目标，体验成功喜悦，创造积极的学习环境，减少不必要的压力。

日积月累，才能接近成功

世界上从来没有天上掉馅饼的好事情，更没有人能轻轻松松获得成功。近年来，网络上涌现出无数做自媒体的人，有人把抖音作为主要阵地，有人在西瓜视频上打天下，还有人选择在其他网络平台做当网红的美梦。可以说，自媒体如雨后春笋般蓬勃发展，让很多原本没有任何名气的人借助于自媒体的低门槛、便于操作和高收益的特点，摇身一变成为网红，名利双收。

在网络世界里，我们能看到的自媒体人只是少数，除了他们之外，还有海量的自媒体人成为了沧海一粟，被淹没在人海之中。自媒体行业固然入门门槛低，但是想要攀登到金字塔尖，却是极其不容易的。自媒体人不但每天都要坚持更新，而且要构思新的题材，才能保持对广大网友的吸引力。仅仅坚持二字，想要做到就很难。有人说，只有坚持做简单的事情，并且把简单的事情做到极致，才能从量的积累转化为质的飞跃。的确如此。世界上的所有事情都贵在坚持，也难在坚持。**一个人做一件好事情并不难，难的是坚持做好每一件不起眼的小事情。**同样的道理，一个人下定决心做一件有难度的事情并不难，难的是坚持做好看似容易的小事情，风雨无阻，绝不放弃。

成长加油站

从古至今，大多数人只看到成功者人前的无限风光，而没有看到成功者在背后坚持努力的艰难。现代社会发展速度很快，这使得越来越多的人心态浮躁，恨不得当即就能取得人人羡慕的成功。人生看似漫长，实则短暂。有的时候，我们哪怕穷尽一生，也只能实现一个理想。放弃理想很容易，只需要一转念或者是彻底松懈下来，但是，那些曾经鼓舞我们的理想就会变成空想。无数人每当夜幕降临时就会产生各种伟大的想法，也请求周公帮助他们在梦里实现理想，却在清晨醒来之后发现任何事情都没有改变，因为他们并不曾付出实际行动。无数人前一刻还热血沸腾，豪情万丈，在遭遇小小的挫折和打击之后就如同霜打了的茄子一样蔫头耷脑，一蹶不振。和半途而废的他们相比，还有的人压根没有开始，就被想象中的困难吓退了。他们为了避免失败而选择放弃尝试，最终就连成功的可能性也失去了。实际上，无论是半途而废，还是拒绝尝试，都是以五十步笑百步而已。真正的成功者绝不会被想象中的困难吓倒，也不会因为遭遇挫折就轻易放弃，他们坚定不移地相信：不到最后一刻，决不放弃，只有笑到最后的人才能笑得最美。

心理学家经过研究发现，大多数人都拥有差不多的天赋，这意味着他们并不会因为天赋相差迥异而走向截然不同的人生道路。之所以有的人能够获得成功，站在世人瞩目的金字塔尖，而有的人总是被失败纠缠，无论如何努力都无法摆脱失败的厄运，恰恰是因为前者拥有顽强的毅力，能够老实本分地做好所有小事，而后者则好高骛远，好逸恶劳，更是光说不干，把各种好的想法耽搁成空想。俗话说，水滴石穿，绳锯木断，也有人说成功是由无数次失败堆积起来的。因此，青少年一定要发挥坚持的力量，让所有的不可能都变成可能，也变成现实。

—— ★

1983年，汉姆因为徒手成功攀登位于纽约的帝国大厦，被人们称为蜘蛛侠，也因此进入了吉尼斯世界纪录。帝国大厦特别高，对于普通人而言，哪怕是站在帝国大厦的顶楼向下看，也会感到心惊胆战，更别说徒手攀登了。那么，汉姆是如何战胜内心的恐惧，创造世界奇迹的呢？

其实，汉姆曾经患有严重的恐高症，哪怕从几米高的地方看下去，他都会吓得两腿发软。但是，他没有因此放弃登高。他始终坚持锻炼，试图战胜恐惧。事实证明，功夫不负有心人，汉姆不仅征服了恐惧，也征服了世界。

在为汉姆举办的庆功宴上，人们见到了汉姆的祖母——一位年近百岁的老太太。祖母头脑清醒，精神矍铄，居然徒步走了100公里前来参加汉姆的庆功宴。祖母认为，这是她送给汉姆的特殊礼物。因为创造了耄耋老人徒步行走的最远距离纪录，祖母也被载入了吉尼斯世界纪录。有人问年迈的祖母是如何鼓起勇气开始这趟近乎不可能完成的旅程的，祖母说道："世界上没有脚不能到达的远方。"

的确如此。在这个世界上，人徒步的速度虽然不如各种现代化交通工具快，但是人总能以双脚抵达任何地方。古人云，不积跬步无以至千里，正是这个道理。对于成长，青少年也要拥有这样的自信和毅力，坚持以小小的进步实现伟大的目标。记住，哪怕一次努力只能取得小小的成就，只要日积月累坚持努力，就必然会获得伟大的收获。

现实生活中，很多人都好高骛远，为自己制定了不切实际的、无法实现的目标，而且迫不及待想要实现目标，也在最短的时间内获得成功。其实，急功近利的心态非但会阻碍人们获得成功，反而还会使人心态浮躁，距离成功更加遥远。**对于任何人而言，设定远大目标只是通往成功的前提，只有坚持努力才算是真正迈向成功。**青少年正值关键的学习阶段，一定要脚踏实地地学习，以构建完整庞大的知识体系，为建造自己的人生大厦添砖加瓦。

小贴士

成功很少一蹴而就。父母要强调坚持和积累的力量，鼓励孩子专注于当下的努力，享受过程而非只盯着结果。培养微小但持续的习惯，理解"复利效应"，在点滴进步中建立信心和耐心。

我们为什么要读好大学

青春期孩子正值初高中阶段，承担着繁重的学习任务和巨大的学习压力。在初中阶段的学习中，孩子面临着中考的压力，一旦不能凭着实力考上理想的高中，那么就有可能被分流到职业高中、技术学校或者中专院校等学校，由此基本上失去了读大学的机会，不得不提前完成学业，步入社会。以前，很多人都认为高考是人生中最重要的一场大考，关系到人的前途和命运。现在，越来越多的人开始认为中考甚至比高考更重要，因为中考决定了孩子们是否有机会参加真正的高考。只有闯过中考这一关，孩子们才能继续读高中，以准备在三年之后的高考中冲刺理想的大学。

毋庸置疑，所有父母都渴望孩子能进入好大学就读，比起孩子，他们更加迫切，更加执着。对于为何要读好大学，很多孩子并不知道原因，也没有意识到读好大学的重要性。也因为如此，他们不能理解父母为何要集中几代人的财力购买学区房，让他们一路绿灯地从重点小学读到重点初中，还不惜花费重金让他们参加优质的培训机构，从而确保他们能从重点初中升入重点高中，再从重点高中升入好的大学。在此过程中，父母不但付出了所有的金钱、时间和精力，还殚精竭虑地与孩子斗智斗勇，督促孩子拼尽全力投入学习。懂事的孩子也许会感恩父母的付出，不懂事的孩子则很难理解和体谅父母的苦心。很多青少年云淡风轻地说哪怕没有考上好大学，也依然能够创造精彩的人生。为了说服父母不再督促他们，他们甚至还会列举一些真人真事。

在社会生活中，的确有些人凭着敢想敢干、勇于闯荡的精神，在没有学识也没有学历的情况下走出了自己的道路。但是，他们的时代已经成为过去时了。在他们的时代里，大多数人都既没有学识也没有学历，所以大家是处于同一跑路线上的，拼的就是胆识和气魄。现代社会呢？高等教育的普及率越来越高，正如人们常说的，大学生一抓一大把，本科学历已经非常常见了。在这种情况下，没有学识也没有学历的人如何能与那些至少有专科或者本科学历的人公平竞争呢。人，总要与时俱进，而不能刻舟求剑。

成 长 加 油 站

读好大学，具有非常深远的意义。

首先，从知识构建的角度来说，系统地接受大学教育，**有助于孩子们形成完整的知识结构，构建属于自己的知识宝库**。知识就是生产力。人们常说，书到用时方恨少，对于青少年而言，与其等到长大成人再懊悔没有好好读书，不如趁着青春年少的好时光刻苦攻读。这样在将来需要的时候，才能随时调取知识，为自己所用，为自己创造价值。接受大学教育，还能掌握一定的技能。总之，知识和技能两手都要抓，都要硬。

其次，从人生信念和观念的角度来说，大学校园拥有深厚的文化底蕴，也拥有浓郁的学术氛围，因此更加**有利于培养大学生的人生观、世界观和价值观，也让大学生形成坚定不移的人生信念**。对于人生，大学生必须亲身经历，亲身体验，才能获得人生的经验。所谓不经历无以成经验，正是如此。

再次，从人生理想的角度来说，青春期孩子正在读初中或者高中，迫切**需要明确的人生理想作为目标和指引**。有些孩子缺乏目标，因而对待学习浑浑噩噩，当一天和尚撞一天钟，压根不能激发出自身的强大潜力和能量。反之，那些有明确目标的孩子则有着正确的方向，所以哪怕在学习过程中遇到困难，他们也能排除万难，攻坚克难，抵达心向往的远方。

最后，从人脉资源的角度来说，读好大学让孩子受益一生。孩子读好大学的作用绝非只是获得高学历作为敲门砖，而是接受知识殿堂的熏陶，与更多和自己一样优秀的同学同窗共读，在大学校园浓郁的学习氛围中展开良性竞争，也结交更多志同道合的同学、朋友，构建属于自己的人脉资源网络。大多数孩子大学毕业之后要么继续考研，要么步入社会开始工作。这意味着他们在大学里结交的同学、朋友，都是非常宝贵的人脉资源，也许有朝一日会给予他们工作上的帮助，或者是助力他们解决一些难题。总之，多个朋友多条路，多个敌人多堵墙。哪怕在大学毕业后，孩子们各自奔赴属于自己的前程，并不从事相关的工作，等到闲暇之余相聚交流时，也能够开阔眼界，增长见识，活跃思维，从而打造彼此共同拥有的人际圈层。

孩子进入好大学，就仿佛井底之蛙离开了井底的方寸之地，从此更为广阔的世界在他们眼前展开，他们真正见识到什么叫"海阔从鱼跃，天空任鸟飞"，他们真正开启了崭新的人生篇章，进入了与此前完全不同的人生阶段。对于所有人而言，人生都有无数种可能，怕只怕鼠目寸光、自我局限和禁锢。不是所有孩子都有幸生活在大城市，能够见识到更多的新鲜事物，也对人生怀有无限幻想的。借助高考，考入理想的大学，他们顺利地实现了破茧而出的人生突破，也终于能够离开自己熟悉的小小天地。这些正是我们读好大学的目的和意义。

青少年们，如果想改变命运，如果想拥有更广阔的天空尽情翱翔，就从现在开始做好充分的准备，全力以赴考入理想的大学吧。

小贴士

好大学的价值不仅在于知识，更在于优质资源、开阔视野、思维训练、发展机会和建立人脉。好大学是人生的重要跳板之一，但父母和孩子们也要理解，成功路径多元，关键是通过学习实现自我提升。

错误，是成长的阶梯

现代社会中，很多青少年都缺乏心理承受能力，哪怕只是面对小小的困难，他们都会产生畏惧心理，恨不得当即逃避困难，回到舒适区享受安逸。一是因为他们缺乏面对困难的勇气，二是因为他们没有战胜困难的经验，三是因为他们在想象中无限放大了困难。在被放大了的困难的衬托下，他们把自己变成了不折不扣的小可怜，那么渺小无助，那么脆弱孤独，只能蜷缩在困难的脚下，眼睁睁地看着困难横亘在他们面前，他们却无计可施。难道他们只能对困难缴械投降吗？难道他们只能对困难俯首称臣吗？问题的关键在于，他们是否拥有强大的内心，是否敢于睥睨困难，又是否有能力克服困难？如果孩子们发自内心地恐惧胆怯，那么他们必败无疑。只有拥有强大的内心，拥有无穷的勇气，孩子们才能做到迎难而上，无惧困难。

有人说，困难像弹簧，你弱它就强，你强它就弱。由此可见，我们与困难之间的博弈不仅是实力的博弈，更是心理力量的博弈。在成长的过程中，青少年必然会遇到各种各样的困难，唯有坚定信心，直面困难，才能鼓起勇气，战胜困难。反之，如果只是想到困难的存在就情不自禁地试图逃跑，或者想要逃避，甚至如同泄了气的皮球一样一蹶不振，那么青少年注定会选择放弃，承受彻底的失败。

成 长 加 油 站

很多青少年之所以畏难，是因为害怕犯错，害怕失败。常言道，失败是成功之母，这个道理只针对勇敢者才能成立。一个人如果惧怕失败，一旦遭遇失败就溃不成军，那么必然被失败纠缠，无法获得成功。唯有把错误当成是成长的重要方式，也能把失败当成是前进的垫脚石，我们才能从错误中汲取教训，从失败中积累经验，从而坚持不懈，努力向前，一步一步地接近成功。

对于内心强大、积极向上的青少年而言，犯错是正常的成长表现，失败也并不能令人心生恐惧。人生的魅力恰恰在于充满未知，使人感到好奇，受到好奇心的驱使坚持探索，坚持尝试。在探索和尝试的过程中，青少年必然犯错。面对错误，一味地逃避或者责怪自己都于事无补，正确的做法是**正视错误，发自内心地接纳失败，这样才能立足现状进行反思，既要认识到自己的优势和长处，也要认识到自己的劣势和不足，从而有的放矢地查漏补缺，完善和提升自己。**

青少年投身于成长，就像是战士投身于战场，是需要全力以赴才能拥有胜算的。成长从来不是容易的事情，更无法水到渠成。如果青少年习惯了在顺遂的环境中成长，也习惯了身边的人都对自己有求必应，那么他们一旦进入逆境，或者遭遇坎坷，就往往会感到无法忍受。和顺境相比，逆境才是成长的好时机。在逆境中，我们更要坚持反思，总结经验，唯有快速成长起来，才能抵达目的地。

古往今来，无数成功者留名青史，这不但是因为他们具备天时地利人和等条件，也是因为他们拥有顽强不屈的精神和坚韧不拔的毅力，越是面对困难越是迎难而上，越是犯了错误越是主动积极地进行反思，以改正错误，改进不足。他们真正做到了把错误当成成长的阶梯，只为成功找方法，不为失败找借口。试问，当一个人拥有这样的精神时，还会持续地失败吗？成功最青睐这些勇敢坚强、乐观向上的人。

———★

　　作为著名的生物学家，拉赛特很喜欢生物学领域的各种著作。他常常在阅读的过程中发现错误，思来想去，他决定编撰一本生物学领域的百科全书，保证内容准确无误，拥有绝对的权威性。毫无疑问，这是一项浩大的工程，绝非短时间内能够完成的，而且要想真正做到权威且没有错误，也是巨大的挑战。

对于拉赛特的生物学巨著，所有业内人士都满怀期待，翘首以盼。在经历了漫长的等待之后，拉赛特终于出版了《夏威夷毒蛇图鉴》。得到消息后，业内人士争先购买这本书，其实，他们最想做的事情不是欣赏这本权威著作，而是亲眼查看这本权威著作中是否有错误。毕竟他们此前出版的著作都被拉赛特诟病了，所以他们迫不及待地想要证明即使是拉赛特也会犯错，也想亲眼看到拉赛特出糗。

他们一拿到《夏威夷毒蛇图鉴》就迫不及待地翻阅，却惊讶地发现这本书只有封面和封底，除此之外就是空白的书页，书页上甚至连一个字都没有。这到底是怎么回事呢？他们既没有如愿以偿地找到拉赛特的错误，也没有亲眼看到拉赛特出糗，只能怀着复杂的心情去找拉赛特问个究竟。面对大家的质疑，拉赛特没有表现出丝毫的惊慌，反而气定神闲地回答："夏威夷压根没有毒蛇，因而对于夏威夷毒蛇的研究迄今为止还是空白，所以这本书只能是这个样子。"看到拉赛特狡黠的模样，大家这才恍然大悟。原来，他们都错了。拉赛特开心地说："哈哈，这下子你们都该失望了，没有人能找到我的错误，反而是你们都犯了大错。"

在这个故事中，大家只顾着找出拉赛特的著作《夏威夷毒蛇图鉴》中的错误，而忽略了这本书的大前提就是错误的，这是他们共同的错误。相信在有了这次的教训之后，那些被拉赛特"蒙骗"的专业人士一定会牢记一个道理，即任何研究都要有正确的大前提，否则就无法成立。实际上，挑剔苛责的拉赛特深知任何著作都会有或多或少的错误，所以他扬言要出一本绝对权威、没有任何错误的生物学巨著只是为了吸引大家的关注，误导大家而已。等到他终于出版了著作，大家对他的好奇和记恨也已经发酵到一定程度，所以大家全都不假思索地奔着看他出糗的目的而去，反而遗忘了科学的经验和原则。

在这个世界上，既没有任何著作是绝对权威且没有错误的，也没有任何人是绝对完美且从不犯错的。俗话说，金无足赤，人无完人。既然是人，就一定会犯错误，所以青少年切勿苛责自己。既然犯错是不可避免的，那么我们就没有必要因为犯错而责怪和否定自己，正确做法是面对错误，积极改正错误。

错误有着极其重要的价值和意义，即帮助人们认识到自身能力的不足和自身知识的欠缺，从而使人们吸取教训，弥补和完善知识结构，这样才能避免再次犯相同的错误，也能有效提升自己各个方面的能力和水平。人生，恰如著书立传，我们要允许错误的存在，也要勇敢地尝试，哪怕犯错也在所不惜。

青少年正处于快速成长的过程中，各方面的能力变得越来越强，各种事物本身也处于发展之中，随着时间的推移，事态不断变化，很有可能发生好转。青少年不要被想象中的困难吓住，也不要被事情糟糕的现状吓住。与其沉浸在虚无的想象中故步自封，不如当机立断展开行动，推动事态向前发展，再审时度势地采取有效措施解决问题。记住，犯错不可怕，可怕的是没有机会犯错。在中国古代，神农氏以身试草，才找到治病的良药，也才发现人们赖以为生的各种谷物。如今很多人都喜欢的番茄最初因为颜色鲜艳，被认定为有毒，因而只能作为观赏植物供人欣赏。世界上原本没有人敢吃螃蟹，自从第一个人勇敢地吃了螃蟹，螃蟹才成为人们餐桌上的一道美食。由此可见，错误不但是个人成长的阶梯，也是推动人类不断向前发展和进步的强大力量。

小贴士

犯错是学习和成长的必经之路。营造允许犯错的环境，引导孩子将错误视为反馈和学习机会。避免过度指责，关注解决方案和从中学到的经验，培养孩子从失败中复原的能力。

拥有善于发现的眼睛

正如一位名人所说的："生活中并不缺少美，只是缺少善于发现美的眼睛。"其实，真正缺少的不是善于发现美的眼睛，而是善于感受美的心灵。有人说，每个人看到的世界并非真实的世界，而是他们心灵折射出的世界。人的主观性很强，所有人都无法完全摒弃主观性看待问题，即使作为公正的法官也难免受到主观性的影响，因而人只能尽量消除主观的干扰，客观地看待和评价各种人和事情。

成 长 加 油 站

青少年要拥有善于感受美的心灵，才会拥有善于发现美的眼睛。除了要感受和发现美之外，世界上还有很多东西都是值得发现的。例如，善良、美好、真诚、忠实等。当青少年看到世界上充满了真善美，并没有因为存在假丑恶就变得不堪，那么青少年一定会感到幸福和满足。

要想学会发现美，青少年就要学会发散性思维，也以发散的角度看待世界。 常言道，眼见为实，耳听为虚。实际上，即使亲眼看到一些事情，我们也未必能断定看到的一切是真实的，因为事情的发展必然有前因后果，所以我们不能断章取义，更不能只凭着某个判断或者画面就擅自揣测整件事情。有些孩子学过素描，就会发现在对着雕塑练习素描时，要始终保持相同的角度，才能分次完成一幅作品。例如，孩子第一次开始画作品是侧面对着大卫雕塑的，而到了第二次画作品时，要依然从侧面的相同角度对着大卫雕塑。一旦改变方向，或者调整角度，那么所看到的线条立体程度、明暗线的交界就会变得完全不同。绘画素描作品面对的是静止的雕塑，而世界却是生动鲜活的，处于不断发展变化的状态。因此，我们看世界更是要坚持从不同的角度，这样才能看到世界不同的模样。当习惯以发展的眼光看世界，青少年眼中的世界就会更加精彩纷呈，富有变化。

在一家生产皮鞋的工厂里，厂长听说非洲没有皮鞋厂，因而当即派出销售员去非洲开拓市场。销售员才下飞机，就听说非洲人从来没有穿鞋的习惯，更别说穿皮鞋了。为此，他断言很难把鞋子卖给从出生就习惯光着脚的非洲人，也认定非洲不是好市场，因而他甚至都没有走出机场，就购买了回国的机票。回到工厂，他第一时间向厂长汇报："全世界没有人能把鞋子卖给非洲人，因为非洲人压根不穿鞋啊。"

听到销售员说亲眼看见非洲人不穿鞋，具有敏锐商业嗅觉的厂长做出了完全不同的判断，认为非洲是非常广阔的销售市场。很快，厂长又派了一个销售员去非洲。这个销售员一去不返，杳无音信，厂长简直担心他在非洲遭遇了不测。正当厂长急得如同热锅上的蚂蚁时，第二个销售员发来了国际电报，电报的内容言简意赅："急需大量各款鞋。"厂长当即命人向非洲的指定地点发送大量各种款式的皮鞋、运动鞋、休闲鞋、布鞋和塑料凉鞋等。才发货没过多久，销售员又来电报催发货，随着电报一起寄到的还有前一批货物的货款。看到销售员不但打开了非洲市场，而且把鞋子卖出了不菲的价格，厂长高兴极了。

同样是面对非洲市场，前一个销售员得知非洲人从来不穿鞋，当即断定鞋子在非洲根本没有销路，也压根卖不出去。第二个销售员的想法则截然相反。他拥有善于发现的眼睛，所以认为非洲人此前不穿鞋反而是好事，这使非洲变成了一个等待开发的巨大的空白市场。为此，他留在非洲开拓市场，很快就打开了销售局面。面对同样的非洲，拥有不同眼光的销售员获得了不同的结果，相信他们也会因此而拥有不同的命运。

心若改变，世界也会改变。心，是万事的因；心，也是世界的果。**青少年只有开阔眼界，打开格局，才能以发散性思维看待很多问题，也才能坚持多角度思考，继而找到最好的办法解决问题。**当我们学会换一个角度看待问题，原本的危机也许就会变成转机，原本的困境也许就会变成顺境。青少年要认识到人生中的失意和不如意都是暂时的，只有怀着强大的内心，始终坚持勇敢向前，我们才能战胜困厄，迎来希望！

小贴士

培养孩子的好奇心和观察力。鼓励孩子留意生活中的细节、自然之美、他人优点、问题的不同角度。鼓励孩子多问"为什么？""怎么样？"，因为善于发现能激发创造力、提升解决问题能力，让生活更丰富有趣。

人生，是向死而生

在传统的教育理念下，父母很忌讳和孩子谈论关于死亡的话题。孩子正值人生中最好的年华，如同初升的朝阳一样充满无限的活力，自己也很少想到死亡。因为这两方面的原因，使孩子缺乏关于生命的教育，既很少关注生，也从不关注死。然而，当孩子渐渐长大，步入青春期，他们身边的长辈一天天老去，距离死亡越来越近。当亲身经历长辈去世的痛苦后，青少年会更加关注死亡，也会开始思考生命的存在有何价值和意义。如果说长辈自然而然地老死，尚且是青少年可以承受的自然规律，那么当身边有人因为突如其来的意外事故而猝然离世时，青少年就会猝不及防地直面死亡，受到巨大的打击。**作为父母，与其继续逃避对孩子开展生命教育，不如顺势而为，借着家中老人自然老去或者其他亲人猝然离世的机会，告诉孩子生命的意义，也让孩子接受命运的无常。**

成 长 加 油 站

新生命从呱呱坠地起，就开始了向死而生的生命旅程。每一段生命旅程都以生作为开始，而以死作为结束。这意味着所有人最终都要面临死亡的问题，根本无从逃避。在生命的历程中，人人都发自内心地恐惧死亡，越是年轻人越是害怕面对死亡。其实，生命的历练不仅如此，除了死亡，还有疾病、意外等可怕的事情发生。

为了帮助青少年做好接受生命教育的准备，也为和青少年谈论死亡的问题做好缓冲，父母不妨从新生命降临人世开始说起。这几年来，随着二孩政策的放开，很多家庭里都追生了二孩，为孩子添了弟弟或者妹妹。即便自己家没有追生二孩，身边的家庭也会有追生二孩的。那么，父母不妨带着孩子一起探望新生命，让孩子亲眼看到新生命降临人世之初是怎样的。当对生产生了好奇之后，孩子自然会联想到死这个问题。

有些孩子的爷爷奶奶、姥姥姥爷等长辈年纪比较大，也有可能患上严重的身体疾病，这都会使他们的生命戛然而止，也会使孩子不得不见证长辈死亡。对于孩子而言，如果去世的长辈与他们关系疏远，平日里接触较少，那么对他们造成的冲击就没有那么强烈。反之，如果去世的长辈与他们关系亲近，平日里来往密切，接触频繁，感情也很深厚，那么就会对他们造成严重的冲击。有些孩子从小是由爷爷奶奶或者姥姥姥爷照顾长大的，当最亲近的长辈离世时，孩子一定伤心欲绝，也会感受到生命的脆弱和短暂。他们忍不住思考，人为何会死，人死之后有没有灵魂，人死亡的时候是否承受着巨大的痛苦，人死之后究竟去了哪里等。

在这种情况下，如果父母逃避回答问题，那么青少年就会很迷惘，很困惑，因为只凭着自己苦苦思考，他们是很难想明白这些问题的。父母要正面解答青少年的问题，和青少年一起探讨生命，也告诉青少年尽管所有生命都在进行向死而生的旅程，我们依然要热爱生命，珍惜生命，因为生命终会结束。还有些父母认为谈论死亡的话题很不吉利，这其实是父母的迷信想法。我们既然能做到兴高采烈地迎接新生命的降生，为何不能做到平静地送年老的生命离开人世呢？我们既要欢迎生，也要尊重死，因为只有生死才是人生大事。

在一部美国影片中，有个出身贫寒的女孩应聘到一个贵族家庭当护士，照顾这个贵族家庭里因为意外而导致脖子以下高位截瘫的独生子。男主角特别英俊，颇有才华，如果不是意外使他失去了行动的能力，他的人生永远也不会与女孩有任何交集。但是，命运就是这么残酷，让坐在轮椅上甚至常常连呼吸都很困难的男主角，接受大大咧咧、行为举止粗暴的女孩并不周到细致的照顾。起初，男主角很抵触女孩照顾他。但是，女孩性格开朗，没有因此而放弃努力。随着相处的时间越来越长，女孩爱上了男主角，男主角也爱上了纯真善良的女孩。

随着时间的流逝，男主角的病情越来越严重。早在一段时间之前就想要结束生命的男主角，再次把自己的计划提上了日程。他的父母悲伤欲绝，却也明白儿子之所以忍受痛苦活着，只是想再陪伴他们一段时间，让他们慢慢接受即将失去儿子的残忍现实。如今，男主角还要与女孩告别。得知真相，女孩崩溃了，她心痛万分，赌气离开了男主角。然而，她终究决定尊重男主角的选择，在最后时刻，陪伴在已经与父母告别的男主角身边，一起平静地迎接死亡。这就是对死亡的豁达。

每个人都应该顽强地活着，因为活着是一件非常美好的事情。**在引导孩子面对死亡、理解生命的含义时，父母要告诉孩子珍惜生命，热爱生命。** 随着孩子的心智发育越来越成熟，也要让孩子思考关于生命尊严的问题。在上述案例中，男主角为了多陪伴父母一段时间，忍受痛苦活着。最终，父母决定尊重和支持他的选择，送他走向人生的终点。对于人生的态度，我们要从辩证的角度看待。大多数情况下，我们要竭尽全力地活着。而在特殊的时刻，真正的英雄则追求生得壮烈，死得光荣。在抗日战争时期，无数革命者抛头颅，洒热血，为赶走日本侵略者付出了宝贵的生命。他们不是不想活，而是想让无数后代更好地活。

无论父母是勇敢面对还是试图逃避，青少年都应该开始思考人生的问题。近些年来，有越来越多的青少年轻生，这意味着青少年的心理问题日益严重，也提醒父母作为家庭教育的主导者要尽快对青少年展开生命教育，从正面引导青少年认识死亡。有些父母避免和孩子探讨死亡，反而会让孩子走上绝路。其实，正如哪怕父母回避与孩子谈论性，孩子也必然会在青春期走向性成熟一样，哪怕父母刻意逃避与孩子谈论死亡，孩子也依然会不可避免地面临死亡。既然如此，父母应该化被动为主动，借助和孩子探讨死亡的机会，对孩子进行生命教育。

所有父母都肩负着引导孩子认知生命、感悟生命的重任。正如保尔·柯察金所说的，人，最宝贵的就是生命，每个人都只有一次生的机会。在很多家庭里，父母只顾着关注孩子的学习情况，而忽略了孩子的身心健康，那么就应该从现在开始注重对孩子进行生命教育。对于人生的旅程而言，生是起点，死是终点。在整个生命历程中，死亡不会始终伴随着每个人，但是却会在大多数人接近终点的时候现身，向人们招手。青少年在知道人生的本质就是向死而生之后，要消除对于死亡的恐惧，更加珍惜和热爱生命，让这漫长又短暂的一生绽放出璀璨的光芒。

小贴士

理解生命的有限性，能激励我们珍惜当下、活出意义。引导孩子思考：如果生命有限，什么对我最重要？我想如何度过？这有助于他们聚焦目标，减少琐事困扰，勇敢追求真正热爱的事物，赋予生活深度。

成功，可求

说起青少年的烦恼，很多父母都不屑一顾，不以为然，主观判定孩子吃喝不愁，也不需要为生计奔波忙碌，有什么烦恼可言呢。的确，从成年人的视角来看，孩子生活得无忧无虑，幸福快乐，唯一的任务就是学习，所以是没有资格有烦恼的。但是，事实并非如此。对于学龄前孩子而言，没有学业的压力，每天除了吃喝就是玩乐，的确没什么烦恼。对于学龄阶段的孩子而言，他们不但要在学校里接受系统的学习，而且要在父母的安排下上各种培训班、兴趣班，基本上是一入学门深似海，再也没有真正的自由可言了。尤其是在升入初高中之后，学习任务越来越重，学习压力如影随形，此外还有人际相处的烦恼，都会对孩子造成干扰。

对于大部分初高中孩子而言，烦恼首先来自学习，其次来自人际关系。现代社会中，很多家庭都只生一个孩子，这使孩子作为十八里地里的一棵独苗，从一出生就享受全家人的宠爱。他们不是小皇帝，就是小公主，任性霸道，习惯了被无条件满足和呵护。在进入校园之后，老师不会像父母那样无限制地疼爱学生，同学也不会处处谦让，所以孩子面临着各种挑战，既不知道如何立足于班级，也不知道怎样才能与身边的人搞好关系。他们依然以自我为中心，基于自身的利益和需求考虑和处理很多问题，长此以往必然招致其他人的不满和疏远。如果其他同学也是唯我独尊的，那么孩子与其他同学之间就会产生矛盾，爆发冲突。

成 长 加 油 站

　　在家庭教育中，父母要注重培养和发展孩子的社交能力，毕竟成功不仅需要天时地利，也需要人和。对于学龄阶段的孩子而言，虽然并不需要追求真正意义上的成功，但是需要学会与同学相处。从某种意义上来说，孩子能处理好与老师、同学的关系，就已经算作成功了。偏偏很多父母没有认识到人际相处对孩子的重要性，他们对孩子唯一的要求就是好好学习，天天向上。还有些父母要求孩子听话，根本的目的也在于让孩子接受父母的建议，积极地提升学习成绩。这样的父母唯分数论，必然忽略全面培养孩子，也忽略让孩子全面成长。

　　每一个孩子唯有先成人，才能再成才。所谓先成人，就是具备高尚的品德，拥有良好的修养，善于与人相处，也能够融入团队。以此为前提，孩子才能发挥自身的所学和所长，成为社会的栋梁之才，创造出独属于自己的成功人生。

　　每个人都是社会中不可缺少的一员。在农耕时代，有人选择远离人群独居，坚持自给自足。在现代社会中，没有任何人能脱离人类社会而独自生存。**父母要注重培养孩子的社交能力，让孩子结交更多的朋友，这样孩子才能与朋友互相陪伴，一起健康快乐地成长。**随着渐渐长大，孩子成为独立的社会的一员，还需要建立和维护人脉关系网，这样才能得到他人的助力，增强自身的实力。古人云："得道多助，失道寡助。"正是告诫我们要用心经营人际关系。在封建时代，君主虽然高高在上，却必须笼络民心，才能保持政权稳定。对此，他们始终牢记"水能载舟，亦能覆舟""得民心者得天下"的道理。可见，哪怕贵为君主和天子也要有民众基础，才能成就帝业。

　　作为普通人，青少年更要注重结交朋友。虽然真心的朋友可遇不可求，但是只要青少年主动伸出橄榄枝，积极地结交朋友，总能大浪淘金，从众多朋友中筛选出值得深交的朋友。要想拉近与朋友的关系，加深与朋友的感情，那么当朋友遇到危难需要帮助时，青少年就要慷慨无私地对朋友伸出援手。俗话说，路遥知马力，日久见人心。当青少年经受住友谊的考验，就能得到朋友的真心相待，也能得到朋友的慷慨相助。

一个人如果没有朋友，人生的道路就会越走越窄。在现实生活中，一个人即使能力很强，也不可能只凭着一己之力就完成伟大的事业，因为一个人的力量终究是有限的。俗话说，一根筷子被折断，十根筷子抱成团。结交朋友，就是帮助青少年增强力量的有效方式。每当感到心有余而力不足，或者感到自身能力不足时，青少年就可以主动地求助于朋友，和朋友齐心协力解决问题。

在与朋友交往的过程中，青少年难免与朋友产生矛盾或者发生争执。每当这时，一定不要指责朋友，而是要本着求同存异的原则，表明自己的观点，接纳朋友的观点。即使被朋友伤害，也要怀着宽容之心对待朋友，想到朋友有难处或者有苦衷，也对朋友换位思考，做到理解和包容朋友。**一切类型的人际关系都是相互的，当青少年以真心对待朋友时，就能得到朋友的真心相待，从而与朋友的关系更加亲密，感情更加深厚。**

小贴士

成功并非遥不可及，但需明确其定义。强调成功源于明确目标、持续努力、有效方法、积极心态和从挫折中学习。鼓励孩子设定属于自己的成功标准，脚踏实地去追求，享受奋斗过程。

第 六 章 06

铸就坚定信念，乘风破浪
开创人生新天地

Positive
psychology

恐惧，才是最值得恐惧的

面对他人的赞美，我们常常习惯性地表示谦逊，总是一边沾沾自喜一边违心地说着自我否定的话，仿佛不这样口是心非就不能够表现出我们的谦虚低调。然而，时代在发展，社会在进步。在当今的大环境中，每个人都要勇敢地推销自己，展示自己的能力，让自己成为突出布袋子的钉子，所以盲目的谦逊是不可取的，常常会让我们错失好机会。

现代社会中，不管是生存还是发展，每个人都面临着前所未有的激烈竞争。要想从众多实力强劲的竞争对手中脱颖而出，我们必须抓住各种千载难逢的好机会，才能尽情展示自己。尤其是在职场上，当大家望眼欲穿终于等来一个空缺的职位时，每个人都迫不及待地进行自我展示和自我推销，尽自己最大的努力试图抓住机会，赢得职位。反之，如果明明得到上司的赏识，却还是一味地谦虚，则就会使上司误以为我们压根不想借此机会升职加薪，那么上司只好勉为其难地把这个机会让给其他更想进步的人。这是多么令人伤心欲绝的误解啊。以前，人们常说是金子总会发光的，酒香不怕巷子深。现在，人们深刻意识到想让金子发光要找到合适的舞台，酒再香也要积极地推销，才能得到更多人的喜爱。

很多青少年也会盲目地谦逊。一是因为他们从小受到父母言传身教的影响，认为唯有否定自己才能表现谦逊的风度；二是因为他们缺乏自信，也没有形成相应水平的自我认知能力，所以还不能正确认识到自己的优势和长处；三是因为他们很胆小，不敢接受他人公开的表扬，他们心怀恐惧，生怕自己表现得不如他人所说的那么好。总而言之，他们表现出不合时宜的谦逊，也无法掩饰自己内心深处的恐惧。其中，有些孩子天生胆小，有些孩子则是缺乏自信，还有些孩子担心自己不够好，更有些孩子缺乏胆量。作为父母，面对恐惧的孩子，首先要**找到孩子恐惧和畏缩的原因**，才能有的放矢地采取措施帮助孩子。其次，父母要改变此前经常否定和批评孩子的打击式教育，转为**抓住各种机会践行赏识教育，培养孩子的自信心**。再次，父母要**坚定不移地陪伴在孩子身边，和孩子一起面对错误，承担责任**，让孩子知道犯错是成长的重要方式。最后，父母切勿总是代替孩子做好所有的事情，而要**及时对孩子放手，给予孩子更多的机会亲身经历和体验**，这样孩子才会越来越勇敢，最终战胜内心的恐惧，变得强大起来。

成 长 加 油 站

不管孩子因何恐惧，恐惧本身才是最值得恐惧的。很多胆小的青少年都表现出缺乏主见的特点。哪怕面对一件很小的事情，他们也会思来想去，反复斟酌权衡，始终无法下定决心。要知道，很多事情都有着很强的时效性，唯有当机立断进行决断，也采取行动，才能抓住时机，争取得到最好的结果。反之，如果总是迟疑不定，犹豫不决，那么只能眼睁睁地看着好机会从眼前溜走。等到这个时候，即使无限懊悔，捶胸顿足，也无法再次获得机会了。

越是在危急时刻，青少年越是要战胜内心的恐惧，坚定不移地采取行动。那么，恐惧因何而生呢？有心理学家提出，人类的祖先在艰苦恶劣的环境中求生，男性要结伴外出打猎，随时准备拿着最简陋的工具与最凶残的动物对峙，这使得男性祖先的恐惧已经成为了人类永恒的记忆。女性留在山洞里照顾孩子，结伴采集野果，同样有可能受到猛兽的攻击，或者遭遇突如其来的灾难。面对很多突发情况，恐惧帮助我们的祖先死里逃生，侥幸存活下来。在原始社会极其恶劣的环境中，恐惧是帮助我们的祖先提高生存率不可缺少的重要情绪。

在现代社会中，人类的生存条件越来越好，不再需要每时每刻保持恐惧以逃生。对于青少年而言，只有战胜内心的恐惧，才能主宰和驾驭自己。具体来说，青少年要坚持做到以下几个方面。

首先，面对失败，不要急于否定和批判自己，而是要反思自己哪里做得好，哪里做得不好，这样才能有效改进。其次，坚持给自己积极的心理暗示。心理暗示对青少年的心理作用是很强大的。当坚持进行积极的自我暗示后，青少年就能保持自信，也能够爆发出强大的力量。再次，联合父母打造民主和谐的家庭氛围，发挥小主人翁的使命感，积极参与家庭事务，从而学会权衡利弊，果断决策。最后，做最坏的打算，争取最好的结果。很多青少年之所以恐惧害怕，不敢尝试，是因为担心出现自己无法承受的结果。只有预先做好心理准备，对最坏的结果做到心中有数，青少年才能无所顾忌，全力拼搏。

总之，战胜恐惧就是要挑战和超越自己。对于所有人而言，最大的敌人就是自己，因而唯有突破内心的束缚，青少年才能勇敢做自己。

英国首相丘吉尔在世界政坛上影响深远，很多人都对他叼着雪茄的形象印象深刻。大家所不知道的是，丘吉尔小时候学习成绩很糟糕，显得呆头呆脑，一点儿都不招老师的喜欢。

此外，他还结巴，常常因此遭到老师的嘲笑。但是，他有着不服输的精神。最终，他战胜内心的恐惧，不再害怕公开发言被大家嘲笑，反而抓住各种机会进行当众讲话。最终，丘吉尔不但改掉了结巴的坏习惯，而且成为了伟大的演讲家。在第二次世界大战期间，丘吉尔数次对英国民众发表公开演讲。在演讲中，他口齿清晰，措辞有力，激情澎湃，令所有听演讲的人都热血沸腾，斗志昂扬。正是他的一场场演讲，为无数英国民众指明了前进的方向，也激发起其内心强大的力量。最终，丘吉尔带领英国民众赢得了第二次世界大战的胜利，迎来了光明。可想而知，如果丘吉尔不能战胜内心的恐惧，坚持练习当众讲话和公开演讲，那么他的命运就会改变，这甚至会影响英国的国运和世界的格局。

大多数青少年都有着强烈的自尊心，对于他们而言，被嘲笑是一件无法忍受的事情。其实，只要摆正心态，认识到每个人都既有优势和长处，也有劣势和不足，那么青少年就会拥有强大的内心，非但不害怕被嘲笑，反而能胸怀坦荡地表现最真实的自己。

青少年要保持强大的内心。真正的勇敢不是无知者无畏，而是发挥聪明才智化解尴尬，解决问题，战胜内心的恐惧，明知山有虎偏向虎山行。

小贴士

阻碍行动的最大敌人常是内心的恐惧。引导孩子识别具体恐惧，评估其真实性，将其视为挑战而非阻碍，鼓励小步尝试，积累成功经验。行动是克服恐惧最有效的解药。

凡事都要靠自己

在孩子小时候，父母无微不至地照顾孩子，代替孩子处理好一切事情，让孩子只需要安心地玩耍和学习。对此，父母心甘情愿，无怨无悔。随着孩子渐渐长大，各方面的能力持续提高，孩子已经具备了一定的独立能力，可以独自处理好很多事情。在这样的情况下，如果孩子依然衣来伸手，饭来张口，拒绝亲自动手丰衣足食，那么父母就会抱怨孩子独立性差，依赖性强，甚至断言孩子太懒惰。其实，孩子并非天生懒惰。作为父母，是导致孩子懒惰的第一责任人。常言道，由俭入奢易，由奢入俭难。对于孩子而言，如果已经习惯了不需劳作的生活，那么他们还愿意凡事都自己动手吗？**父母要从孩子小时候，就有意识地培养孩子的自理能力和独立能力，孩子才会勤于动手，也渐渐地具备独立性。**

有人说，只有"懒惰"的妈妈才能教育出勤快的孩子，而如果妈妈过度勤快，那么孩子就会越来越懒惰。前几年，网络新闻曝光大学生从未见过带壳的鸡蛋，所以既不认识带壳的鸡蛋，也不知道如何给鸡蛋去壳。也有的大学生初次住校，不会给自己铺床，只能看着被褥坐在硬床板上度过一整夜。其实，这些都是最基本的生活技能，哪怕是小学生也能学会。可以想象，在进入大学之前，这些孩子是如何度过了十几年的人生岁月的。显然，他们的智商是在线的，否则他们也无法通过高考进入大学。解释他们高分低能的唯一理由，就是父母把他们照顾得太好，所以他们压根没有机会发展自理能力，也严重缺乏锻炼生活技能的机会。

很多父母只要求孩子认真学习。每当孩子主动做家务时，父母第一时间就会阻止孩子，因为父母唯分数论，认为孩子的时间特别宝贵，做家务是在浪费时间。还有些父母向孩子灌输学习至上的观念，使孩子轻视生活技能。总之，孩子的高分低能现象与父母错误的家庭教育方式密切相关。

成长加油站

孩子的成长应该是各个方面齐头并进的，而非只有学习一枝独秀，其他方面毫无进展。在成年人的世界里，每个人既要争取在工作方面表现突出，也要兼顾家庭生活，还要负责养育孩子，与此同时也要开展娱乐活动，这样才能让生活保持均衡的状态，劳逸结合，张弛有度。同样的道理，孩子的生活也不能片面，孩子固然要以学习为主要任务，却也要在学习之余从事丰富多彩的娱乐活动，还要坚持学习各项生活技能，这样才能健康成长。当孩子提升了生存能力，掌握了生活技能时，他们就能实现全面发展，由此提升自信心。

在校园生活中，如果孩子成了百无一用的书生，是只知道学习的书呆子，而与同学没有共同语言，甚至连鞋带都系不好，那么他们就很难融入同龄人的群体之中，也就无法获得满足感和成就感。因而，**父母要合理安排孩子的学习和生活，引导孩子随着成长发展相应的能力，这样孩子才能全面发展。**

例如，父母可以利用周末教会孩子做一道简单的菜肴，让孩子学会独立整理房间，给孩子机会为父母做一些简单的、力所能及的事情。这些都能培养孩子的自理能力，也能帮助孩子形成家庭责任感，在帮助父母分担家务的过程中，孩子还会形成主人翁意识，认识到自己是被父母需要和依赖的。

父母即使很爱孩子，也不可能始终陪伴在孩子身边，帮助孩子处理好各项事务。在世界上，所有的爱都以相聚为目的，唯独父母对孩子的爱是以分离为目的的。父母之爱子，则为之计深远。父母要提供更多的机会让孩子发展和锻炼能力，孩子将来才能更好地独立。

看到这里，每个父母都要反思自己对孩子的教育：我的孩子能够独立生活吗？即使没有父母的照顾，他们也能生活得很好吗？我的孩子是否过度依赖我，凡事都需要让我代劳呢？当意识到孩子缺乏自理能力，对父母过度依赖时，父母一定要及时对孩子放手，让孩子渐渐地长大。如果孩子在很多方面已经表现得很好，那么父母要适时给予孩子更大的自由，让孩子得到更大程度的锻炼。总之，父母不能继续把青少年当成小孩子，而是要跟紧孩子成长的脚步，与时俱进对孩子放手，孩子才能一天天长大，羽翼越来越丰满。

在养育孩子的过程中，父母固然要看重孩子的成绩，却要以引导孩子身心健康地成长为前提。诸如，父母要培养孩子优秀的品质，要帮助孩子完善性格的不足，要教会孩子很多做人做事的道理。孩子只有先成人，才能成才；孩子只有走向独立，才能拥有自己的人生天地。

小贴士

强调独立自主和主观能动性的重要性。鼓励孩子独立思考、解决问题、为自己的选择和行动负责。培养孩子"我能行"的信念。同时也要让孩子理解，寻求帮助是智慧和力量的体现，合作能达成更大目标，独立不等于孤立。

自信，是人生的脊梁

　　古人云，自助者，天助也。这句话告诉我们，一个人要想得到好运的眷顾，自己首先要坚持不懈地努力。这是因为每个人只有依靠自身努力，才能得到好运的眷顾。反之，一个人如果轻易放弃努力，那么就不可能得到好的结果。西方国家也流传一句谚语，即只有充满自信的人，才能得到上帝的慷慨相助。这句话与"自助者，天助也"，有着异曲同工之妙。

　　很多青少年都喜欢好莱坞大片中的硬汉，因为那些硬汉身上有一种充满力量的特质，即无论面对什么处境，也无论多么艰难，他们都能坚持到最后一刻，此前绝不轻易放弃。越是在危急时刻，他们越是能激发出自身的力量，坚持勇敢地向前冲。实际上，每个人只有充满自信，才能获得好运气，也才能得到命运的帮助。这是因为自信本身是一种强大的力量，能够促使我们激发潜能，改变自己，继而改变世界。

成 长 加 油 站

　　对于所有人而言，自信都是人生的脊梁，也是精神的支柱。在顺遂如意的生活中，自信的作用不那么凸显。越是在失意落魄的日子里，自信的作用越是无比强大。进入青春期，有些孩子常常因为消极的思想而郁郁寡欢，对很多事情都失去兴趣，提不起丝毫兴致，为此，他们停滞不前。那些自信的孩子则能够驱散内心深处的阴霾，因为自信是自卑的天敌，也能驱散消极的情绪和感受，最终帮助我们扬起希望的风帆，披荆斩棘，乘风破浪，抵达成功的彼岸。

充满自信的青少年仿佛早晨八九点的太阳，红得耀眼，也毫不吝啬地以阳光普照大地。自信的青少年性格开朗，积极乐观，豁达爽朗，他们笑得最美，也笑到最后。他们浑身上下都散发出向上的力量，既振奋了自己，也鼓舞了他人。**自信的青少年知道错误是人生进步和成长的阶梯，为此他们总是勇敢地尝试新鲜事物，也绝不害怕面对失败。**每当遭遇失败，他们会积极地进行自我反思，明确自己哪些做法是正确的，哪些做法是错误的，既能吸取教训，也能积累经验，最终避开人生的暗礁，获得想要的成功。总而言之，每个青少年都要充满自信，这样才能迎难而上，也才能始终充满勇气，满怀热情地拥抱生命，创造生命的奇迹。

因为一次意外，罗斯福患上了严重的脊髓灰质炎，从此之后只能坐在轮椅上度过后半生。换作其他人，一定会因为这样残酷的打击而意志消沉，但是罗斯福从疾病的折磨和痛苦中站立起来，继续全力以赴竞聘美国总统。最终，他以重度残疾的身体和顽强不屈的精神成功入主白宫。可想而知，他是多么充满自信。很多人都不知道的是，患病之初，罗斯福只能在地上艰难地爬行。即便如此，他也没有放弃梦想，而是继续忍受着痛苦，坚持进行康复训练。最终，他可以站立起来公开发表演讲了，这使他距离担任总统的梦想越来越近了。与其说好运眷顾了罗斯福，不如说罗斯福是凭着自信和毅力战胜了厄运。

在美国的诸多前任总统中，林肯的名气也很大。他虽然不像罗斯福一样因为身体的疾病而导致残疾，但是他却在精神和情感上遭受了数次打击，其中不乏致命的沉重打击。他先是选择从政，结果接连落选；后又决定经商，却惨遭两次破产，第二次破产使他背负着沉重的债务，足足用了十几年才偿还完所有债务。因为经商失败，所以林肯再次选择从政。然而，失败从未远离他。他不仅接连失败，还在结婚前失去了挚爱的未婚妻。为此，林肯受到了致命的打击，在长达一年多的时间里意志消沉，卧床不起。然而，他没有就此沉沦下去。后来，他又开始积极地投身于政治领域，开始参加竞选。直到最后，他终于成功当选美国总统，成为了世界政坛上举足轻重的伟大人物。

从林肯和罗斯福的人生经历，我们不难看出，人生不如意事十之八九，每个人都不可能完全顺遂如意，而必然会遭遇突如其来、各种各样的打击。有的时候，残酷的命运最喜欢与人开玩笑，仿佛是故意捉弄某些人，所以使他们厄运连连。即使如此，我们也不能抱怨命运不公，因为抱怨从来于事无补。与其白白浪费时间和精力说些毫无意义的话表达愤懑与不满，不如重新激发起自信，也不遗余力地做好该做的事情。虽然努力未必能够获得想要的收获，但是不努力注定毫无收获。因此，我们除了努力别无选择。

自信，是源自心底的力量，让人临危不乱，从容有序。自信的青少年胜不骄败不馁，即使身陷绝境也不会畏缩胆怯。青少年要学习罗斯福以自信成为总统，要学习林肯以自信战胜接踵而至的困厄，也要用自信装点自己的人生，让自己与众不同，充满力量。

小贴士

自信源于能力和自我价值感。帮助孩子基于事实认识自身优点和成就，设定并达成可实现的目标。多给予孩子具体、真诚的肯定。鼓励孩子尝试新事物，允许犯错，将失败视为学习而非否定。

坚持到底，决不放弃

在人类漫长的发展历程中，每个伟大的、有所成就的人都有一个共同点，即他们能够独立思考，会坚持自己的意见和观点，最终身体力行，证明自己的观点和意见是正确的。因此，他们不但形成了强大的自信，而且也在他人心目中树立了权威，赢得了他人的尊重和拥护。

很多人都会灵光乍现，产生各种有趣的想法或者好的创意。对于这些想法或者创意，我们必须在深思熟虑之后采取行动，将其变成现实。否则，随着时间的流逝，它们就会黯然失色，成为毫无意义的空想或者不切实际的幻想。看到这里，也许有些青少年会表示担忧：如何确定这些想法或者创意是正确的，而且能够变成现实呢？在实现这些想法和创意的过程中，如果面临重重困难和阻碍，我们又要如何推进呢？还有些青少年过度未雨绸缪，结果犯了杞人忧天的错误，因为提前预见到很多困难和障碍，所以他们索性放弃尝试和努力。不得不说，这是最糟糕的选择。因为一旦彻底放弃尝试，青少年就连微小成功的可能性也失去了。与其放弃，不如勇敢地尝试，即使失败，青少年也能从中积累经验，让自己距离成功更近一步。由此可见，除非认定某种想法或者创意是不切实际的，也是绝对不可能实现的，否则青少年切勿轻易放弃尝试。实际上，在推动某种想法或者创意变成现实的过程中，青少年将会惊喜地发现，他们曾经担忧的一些情况并没有真的发生，甚至有些已经出现的障碍也会随着事情的持续进展而变小或者消失。

成 长 加 油 站

青少年要想获得成功，就要充满信心和勇气，把各种想法付诸实践，变成现实，即使身处困厄，也能坚持到底决不放弃，这样才能距离成功越来越近，直至最终获得成功。常言道，坚持到底，就是胜利。这意味着青少年不能被想象中的困难吓住，更不能因此停止努力和拼搏。不管是选择放弃尝试，还是在尝试的过程中半途而废，都是缺乏意志力、信念动摇的表现。真正自信的青少年顽强不屈，越是面对困难，越是爆发出强大的力量。他们在真正开始行动之前全面权衡利弊，也预见到最糟糕的结果，然后就开始朝着最有可能成功的方向努力。他们坚忍不拔，风雨无阻；他们日夜兼程，披荆斩棘；他们无所畏惧，勇往直前。对于他们而言，失败不是失败，而是又减少了一种可能性。他们义无反顾地不断尝试，以无数次失败奠定成功的基础，因此，他们才能充满自信地行走人生之路。对于他们而言，人生只有一种存在的方式，那就是进取。

现代社会发展速度越来越快，整个世界都处于日新月异的变化中，这使得每个人都要坚持与时俱进，取得进步，否则就会被时代抛弃，如果进步幅度不够则会远远地落后于竞争者。时代的洪流滚滚向前，我们是其中的一滴水，必须紧紧跟上，才能归流入海。也许是因为生活节奏快，也许是因为工作压力大，很多现代人都处于亚健康的心理状态，常常产生挫败感和无力感，也对未来失去信心，对人生失去前进的动力。这样的懈怠和慵懒，往往会使人精疲力竭，丧失希望和斗志。当然，这并非意味着我们每时每刻都要如同打了鸡血一样斗志昂扬，拼尽全力地向前奔跑。我们当然可以劳逸结合，适度休息。但是，休息不等同于躺平，更与放弃有着天壤之别。人生如同逆水行舟，不进则退。对于所有人而言，唯有真正行动起来，开始去做，并且始终坚持，才有可能获得成功。否则，逃避和畏缩的心态都会让我们退步，甚至惨遭时代的淘汰。

　　心理学家认为，心理暗示对人的影响是很大的。一个人如果把放弃这两个字从字典里抠掉，那么他哪怕举步维艰，也会坚持到底。反之，一个人如果时常动摇，把放弃挂在嘴边，那么哪怕事情并不像他想象中那么难，他也会数次想要放弃。对于青少年而言，必须坚持到底，才能获得好的结果。需要注意的是，坚持到底不仅包括坚持想法，也包括坚持行为。想法和行为缺一不可，相辅相成。

　　作为20世纪著名的音乐家，小泽征尔从小就表现出独特的音乐天赋和音乐敏感性。在正式开始学习音乐之后，他进步很快，并且在音乐领域取得了伟大的成就。他还拥有极高的音乐鉴赏力，在音乐方面表现出超乎常人的自信。大多数音乐家一旦受到权威人物的质疑或者否定，马上就会怀疑自己，小泽征尔与他们完全不同。他会凭着出色的音乐鉴赏力，思考自己的判断是否正确，继而决定是坚持自己的判断，还是采纳权威者的意见。

　　在世界指挥家大赛中，很多参赛选手都和小泽征尔一样是已经小有名气的音乐家。小泽征尔排在大部分选手的后面，因而等到他上场时，那些选手已经比赛结束了。看得出来，他们比赛的结果很不乐观，为此他们面色凝重，毫无笑意。小泽征尔没有受到他们的影响，而是告诉自己："只要全身心投入地指挥就好，无须过于看重结果。"就这样，小泽征尔步履从容地走上指挥台，开始指挥乐队演奏。演奏进行了一小半，小泽征尔就听到乐队里传来不和谐的音符。他当即示意乐队停止演奏。这个时候，他没有怀疑乐谱有问题，而是误认为乐队成员的演奏出现了纰漏。为此，他在对乐队进行调整之后，再次指挥乐队开始演奏。和第一次一样，在演奏进行了一小半之后，小泽征尔又听到乐队里传来不和谐的音符。这一次，他确信是乐谱的错误。为此，他拿起乐谱仔细检查核对，很快就找到了乐谱上出错的地方。他当即向评委组反馈这个情况，不想评委们却不假思索地说道："那么多参赛选手都演奏了这个乐谱，他们都没发现乐谱有问题，你凭什么说乐谱有问题呢？"小泽征尔坚持认为乐谱有问题，与评委组据理力争。当他再次确凿地指出乐谱的问题时，评委组全体成员都站了起来，给予了他热烈的掌声。原来，乐谱里这个不易觉察的小问题，正是这次比赛的考题。在小泽征尔之前，大部分选手都没有听出问题，只有两个选手也听出了问题。但是，在被评委组反驳之后，这两个选手接受了评委组的意见，选择性忽视了这个问题。就这样，小泽征尔获得了比赛的冠军。

作为参赛选手，面对由众多权威专家组成的评委组，小泽征尔不但有勇气指出乐谱的错误，而且能够与评委组据理力争。正是因为具有坚持到底的精神，也永不妥协，小泽征尔才能从竞争对手中脱颖而出，摘得桂冠。

需要注意的是，小泽征尔并没有盲目自信和坚持，而是在又一次指挥乐队演奏，确定乐队没犯错误的前提下，再次认真检查乐谱，最终明确乐谱的确有问题。即便如此，作为参赛选手的他也表现出了超强的自信和强大的内心，所以才能公然与评委组据理力争，最终证明了自己的音乐鉴赏力和作为指挥家的实力。

不管做什么事情，坚持都需要承受压力，正是因为如此，坚持才是难能可贵的。在学习和生活中，青少年也常常需要坚持。例如，当对老师讲述的知识点或者解题方法有疑问时，青少年要发扬质疑精神，探究真相；当与同学之间产生了误解时，青少年要坚持用事实说话，从而消除误会，与同学重新建立良好的关系。**每当坚持到无法继续坚持下去时，青少年该做的不是放弃，而是咬紧牙关继续坚持**。在这个世界上，任何一件事情不管是困难还是容易，都不可能随随便便获得成功。唯有坚持不懈，才能熬过最艰难的时刻，迎来柳暗花明，获得想要的结果。

小贴士

毅力是长期成功的关键品质。当孩子遇到困难想放弃时，肯定其之前的努力，帮助分析原因，调整策略，分解目标，寻找支持。强调坚持的价值："再试一次""完成比完美重要"，并给孩子分享坚持带来成功的例子。

信念，让人生冲破迷雾

很多青少年都不曾意识到信念对于人生的影响有多么巨大且深远，因此，很少有青少年树立人生的信念。每当在生活和学习中遭遇困境，哪怕正在面对的困难并非磨难，而顶多是不如意时，他们也会动摇，试图放弃，或者选择一条能够绕开困难或障碍物的道路，迂回前进。当内心深处开始动摇时，他们就很难继续坚持不懈，努力付出。反之，如果他们拥有坚定不移的信念，无论如何都绝不当逃兵，那么他们就会变得意志坚强，想方设法克服各种困难和阻碍坚持到底，最终就有可能得到好运的青睐和命运的馈赠。正是在一次又一次和命运抗争的过程中，青少年得以快速地成长。

成 长 加 油 站

在生命的旅程中，我们不可能凡事都顺心如意。越是面对坎坷的境遇，越是面对不如意的现实，我们越是要鼓起信心和勇气，充满力量地向各种难关发起挑战。人生，是一场旅程，更是一趟单程旅程。所以，人生是没有回头路可走的，正如世界上从来没有人卖后悔药。很多事情一旦发生就定格下来，我们无法改变已经发生的事实，能做的就是掌控其他事情。为此，逃避和畏缩从来不是应对人生的好方法，不管在什么情况下，我们都要扛起人生的大旗勇敢前行。

很多青少年在面对困境时，情不自禁地想要退缩或者逃避。殊不知，当畏缩和逃避成为人生的常态，那么青少年很难再取得进步，也无法保持进取的人生姿态。在漫长的人生中，每个人都要面对困境，在充满坎坷泥泞的道路上艰难前行。很多情况下，一个人即使具备了天时地利人和的有利条件，也未必能够如愿以偿地获得成功，人生最大的魅力也恰恰在于不可预知、不可掌控、不可操纵。人们常说，谁也不知道明天和意外哪一个先来，就是这个道理。因为人生的无常，所以有人选择彻底躺平，有人则选择抓紧时间努力拼搏和奋斗。的确，既然哭着是一天，笑着也是一天，我们为何不笑着度过生命中的每一天呢？既然空虚是一天，充实也是一天，我们为何不充实地度过生命中的每一天呢？不管处于人生的哪个阶段，坚定不移地过好每一天，都是我们最好的选择。

————★

　　1952年7月4日拂晓，在加利福尼亚海岸线上，职业游泳运动员费罗伦丝·查德威克在浓雾弥漫的卡塔林纳岛上开始做热身运动。她要从卡塔林纳岛出发，横跨太平洋，游到加州海岸。费罗伦丝·查德威克摩拳擦掌，斗志昂扬，此时此刻，作为一名资深游泳运动员，她相信自己能够完成这项挑战。

　　费罗伦丝·查德威克已经43岁了，她的身体机能和耐力都在走下坡路，那么，她能顺利完成横跨太平洋的挑战吗？清晨，卡塔林纳岛浓雾弥漫，遮天蔽日，使气温降低，海水冰凉刺骨。费罗伦丝·查德威克下海之后感觉浑身冰冷，但是，她坚持向前游去，而没有回头上岸。

　　在冰冷刺骨的海水中，在浓雾的包裹中，费罗伦丝·查德威克一直在坚持着。时间分分秒秒地过去，她仿佛迷失在时间和浓雾交织构成的世界里，既感受不到时间的流逝，也不知道自己究竟已经游出了多远。目之所及，她只能看到弥漫的浓雾，甚至连一直跟在后面保护她、与她近在咫尺的护送船都看不到。她感到特别孤独和寂寞，也觉得更冷了。有一次，鲨鱼在她身边游来游去，护送船上传来枪声驱赶鲨鱼，此时此刻她才确信护送船一直跟在她身后不远处。

　　15个小时过去，费罗伦丝·查德威克依然看不到海岸，她越来越疲惫，无法继续支撑下去了。她提出结束挑战。教练和母亲当即告诉她要坚持，因为很快就能抵达海岸。但是，浓雾阻隔了费罗伦丝·查德威克的视线，使她看不到海岸线。她突然强烈地要求上船，结束挑战，仿佛无法忍受再留在海水中哪怕一分一秒。工作人员只好把她拉到护送船上，拿出温暖厚重的毛毯裹住她冰冷的身体，还端来一杯浓浓的热饮让她恢复体力。结果，她还没有喝完热饮，就看到了不远处的加州海岸。原来，教练和母亲说的是真的，她只需要再往前游半英里，就能抵达加州海岸。因为没有坚持游完仅剩的半英里，她的挑战宣告失败。她对此感到很失望，因为她距离成功只差半英里了。后来，每当回忆起这件事情，她都会责怪自己为何没有听从教练和母亲的劝告再坚持一会儿。朋友安慰她，说她之所以失败，都是因为浓雾让海水冰冷刺骨，也彻底遮住了加州海岸。对此，她说："不是浓雾和海水打败了我，而是动摇的信念打败了我。教练和母亲已经告诉我加州海岸近在咫尺，我却拒绝坚持，是因为我缺乏坚定的信念。要是我更坚定，更勇敢，我就能完成这项伟大的挑战了。"

后来，费罗伦丝·查德威克再次从卡塔林纳岛出发，横跨太平洋，游向加州海岸。这次，天气晴朗，视野开阔。也许是因为提前做好了心理建设和心理准备，也拥有了坚定不移的信念，再加上能够看到加州海岸始终在前方等待着自己，所以她顺利地完成了挑战。

在这个故事中，费罗伦丝·查德威克在第一次挑战时，刚刚披着浓雾下海，就感受到海水冰冷刺骨，所以她不知不觉间动摇了。面对这个无比艰巨的任务，她虽然已经拼尽全力坚持，却最终输给了动摇的信念，在即将迎来黎明的至暗时刻选择了放弃。这是因为一旦信念开始动摇，人们就很难再坚持下去。

在第二次挑战中，她做好了充分的准备，也因为天气给力，所以她凭着坚定的信念顺利完成了挑战任务。难道她在第二次挑战中不感到海水冰冷吗？难道她不感到疲惫吗？当然不是。对于两次挑战来说，她最大的区别在于第一次信念动摇，而第二次信念坚定。又因为天气给力，视野开阔，所以她很快就能看到遥远的加州海岸，因而充满了信心和勇气。由此可见，**要想拥有坚定的信念，就要设立明确的目标，而且要有信心实现目标**。有些青少年好高骛远，一时兴起设立了远大到难以实现的目标，结果不管怎么努力，都像费罗伦丝·查德威克在迷雾中横跨大西洋一样始终看不到目标所在，最终消耗掉所有的意志力，只能选择放弃。

在生命的历程中，我们常常会经历浓雾遮天蔽日的时刻，那么不管周围的雾气多么浓重，我们都要驱散迷雾，保持明确的目标和正确的方向，也始终坚定不移地砥砺前行。

小贴士

坚定的信念是迷茫和困境中的指南针。帮助孩子澄清自己的核心价值观和人生信念，在挑战面前，引导他们回想这些信念。信念并非固执，而是源于深思熟虑的内心坚守。

责任，是人生的基石

所谓责任，就是每个人的分内之事。一般情况下，责任指的是每个人在家庭生活中应该承担的事情，在工作中应该肩负的重任，对他人应该兑现的承诺。在社会生活中，每个人都扮演着不同的角色，也要承担起相应的责任。如果总是推卸责任，逃避承担责任，那么就要为此付出代价，也要承担不同程度的后果。前段时间，有个爱狗人士不小心把自己饲养的大型犬放出家门，使大型犬在没有任何束缚的情况下咬伤了路人。对此，爱狗人士辩解自己不是故意放狗出门的，试图以这样的借口逃避责任。但是，作为狗的主人，他因为自己的疏忽导致狗咬伤了无辜路人，所以他必须承担相应的责任。

无疑，肩负责任并不轻松。诸如，父母要肩负起抚养和教育孩子的责任；老师要肩负起传道授业解惑的责任；医生要承担起救死扶伤的责任；人民子弟兵要在危急时刻无私奉献，敢于牺牲，这是他们不容推卸的责任；为人子女者还要肩负起赡养老人、照顾家庭的责任；交警要肩负起指挥交通的责任等。总而言之，每个人都有属于自己的责任，也必须勇敢履行自己的责任。

承担责任，既需要付出，也需要坚持，甚至还要冲锋在危险的第一线，无惧流血和牺牲。

———★

2020年初，武汉暴发了新冠疫情，短短几天的时间里病毒肆虐传播，使很多人都染上新冠病毒，生命垂危。为了控制疫情扩散，给其他城市和国家争取到更多的时间进行防范，中国政府第一时间下令武汉封城，即外面的人可以逆行进入武汉，里面的人不能离开武汉。对于国家而言，在极短的时间内决定封闭武汉绝非容易的事情。自从得到武汉疫情的消息，全国各地的医生护士和专家就开始逆向奔赴武汉。钟南山院士已经八十多岁高龄，原本能够留在家里颐养天年，却在第一时间奔赴武汉，继而又在全国各地来回奔波，只为了助力医护人员有效抗击新冠病毒。他主动承担起抗疫的艰巨责任，没有片刻迟疑，更没有片刻畏缩。他虽然已是耄耋之年，却奋不顾身冲锋在前，很多人都曾在网络上看到一张他在高铁上闭目休息的照片，不由得对他生起敬意。全国人民看到曾经奋斗在非典疫情第一线、成功和无数医护人员击退非典病毒的钟南山亲自挂帅出征，悬着的心都放了下来，仿佛吃了定心丸。

通常情况下，人的能力越强，所肩负的责任越大。然而，有些人并不能准确认知自身的能力和水平，所以常常好高骛远，制定不符合自身能力水平的目标，也因为自视甚高而对自己做出有失公正的判断。有些人与他们恰好相反，他们自视甚低，明明具有很强的能力和很高的水平，却对自己做出过低的评价，导致妄自菲薄。这样的人同样不足以委以重任，他们很可能因为自卑而迟疑不定，犹豫不决，导致错失处理问题的最佳时机。

成 长 加 油 站

青少年既要避免好高骛远，也要避免自视甚低。唯有客观公允地评价自己，青少年才能适度自信，既避免承担超出自身能力水平的艰巨任务，也能够在合适的场合和机会中毛遂自荐，当那颗钻出布袋子的钉子，为自己争取到展示的好机会。现代社会已经不适用酒香不怕巷子深了，每个人最重要的任务就是学会推销自己，因为唯有先得到他人的认可与接纳，我们才有机会尽情展示自身的能力，证明自身的实力。毛遂自荐的人都是特别勇敢且敢于承担责任的，他们相信自己能够完成任务，也相信自己定然不负众望。

说起青少年的责任，很多父母的认知都是错误的。他们对孩子唯一的要求就是认真学习，而拒绝让孩子承担任何责任。其实，孩子的成长是全面且立体的，只有各方面能力齐头并进地发展，孩子才能更快速地成长起来，走向成熟。作为父母，如果一厢情愿地认为孩子只需要学习，也不由分说地剥夺了孩子在生活中肩负的各种责任，那么就会溺爱孩子，这样既不利于培养孩子的责任心，也不利于促进孩子全面成长。

不管对谁而言，责任都是沉重的，也是有分量的。虽然青少年的一个重要责任是认真读书与学习，但是，他们依然要兼顾生活的其他方面。例如，在家庭生活中，青少年要做力所能及的家务，帮助父母分担，这是作为子女的责任；在学习生活中，青少年要热情地帮助需要的同学，给同学讲解难题，这是作为同学的责任；在社会生活中，青少年既要遵守社会规则，维护社会秩序，也要在某些突发情况下付出自己绵薄的力量，帮助那些需要帮助的人，这是作为社会成员的责任；当国家受到突如其来的灾难的打击时，例如2020年初新冠疫情爆发，已经入团或者即将追求上进的青少年可以报名成为社区志愿者，分担社区工作，这是作为共青团员和优秀青少年的责任。责任，对于每个人而言都是不同的，**青少年不该因为责任重大就拒绝承担责任，而应根据自身的能力主动承担起相应的责任**。随着不断成长，能力逐渐增强，青少年所肩负的责任也越来越重大。

小贴士

责任感是一个人成熟和可信赖的标志。明确不同角色的责任，鼓励主动承担责任，信守承诺，对自己的言行负责。负责的行为赢得尊重，并带来内心的踏实与力量。

现在就开始吧，成功之路就在脚下

在美国，很多人都知道摩西奶奶的大名，这是因为摩西奶奶作为普通的农村妇女，在七十多岁的高龄开始拿起画笔描摹乡村生活的场景，不但开办了个人画展，还因此成为很多人学习和效仿的对象。生活中，有些人常常以自己年纪大了为借口拒绝改变，也不再开始做那些自己一直以来都渴望去做的事情。对于这些人而言，当务之急就是了解摩西奶奶的励志故事，这样才能意识到何时开始都不算晚的道理，从而踏上自己的成功之路。

进入青春期，原本对于时间无感的孩子们越来越深刻地感受到时间的流逝。他们一改小时候对于时间流逝毫无知觉的状态，开始意识到时间是生命中最宝贵的资源，是组成生命的材料，也是生命不可缺少的载体。尤其是在升入初中和高中之后，学习任务越来越重，孩子们常常感到时间不够用。如果他们花费更多的时间用于某一门学科，就会感到时间捉襟见肘，剩下的时间已经不够兼顾其他学科了。有些孩子从小就缺乏时间观念，不懂得合理安排和充分利用时间，常常面临到了深夜还有很多作业没有完成的困境。他们越来越焦虑，不知道时间都去哪里了，也不知道如何平衡学习和休息娱乐。

当学习的节奏日益加快，学习的压力日益增大时，孩子们不得不放弃一些属于自己的规划或者想法，只为了挤出有限的时间完成学校里无休止的作业。例如，有些孩子很喜欢户外活动，却在升入初中之后只有在周末才能进行短暂的户外活动；有的孩子养成了阅读的好习惯，但是在紧张忙碌的学习中，他们很少有机会阅读堆积在书架上已经开始吃土的文学类书籍——也就是父母和老师眼中所谓的闲书；还有些初高中孩子放弃了一直以来坚持的兴趣爱好，诸如绘画、唱歌、乐器演奏、球类运动等。他们已经竭尽所能地争分夺秒了，却还是被繁重的学习任务追赶得难以喘息。正如人们所说的，人生如同白驹过隙，更何况作为人生片段的短暂时间呢。

鲁迅先生说过，时间就像是海绵里的水，挤一挤总还是有的。鲁迅先生还说过，世界上哪里有天才呢，我只是把别人喝咖啡的时间用于写作而已。人人都敬佩鲁迅先生以笔为枪，在战争年代坚持创作，唤醒了无数国民。这是因为鲁迅先生最善于珍惜时间，也总能让分分秒秒都发挥最大的价值和效用。有段时间，为了节省时间全力创作，鲁迅先生闭门谢客，拒绝闲谈。这正是他的惜时之道。

无独有偶，日本作家渡边淳一也是在人生半途改行当作家的。当时，他写信给已经百岁的摩西奶奶，诉说他的苦闷。他原本有一份特别稳定的工作，但是他真正热爱的却是写作。在这样两难的选择中，他始终迟疑不定，犹豫不决，无法下定决心选定未来的人生道路。摩西奶奶给渡边淳一回信说道："当你选择做喜欢的事情时，就连上帝也会帮助你实现梦想。哪怕你已经是耄耋之年，也可以虚心地成为一名好学生。"摩西奶奶的话为渡边淳一指明了方向，他当即决定辞掉那份令很多人羡慕的工作，全力以赴投入写作之中。从此，渡边淳一拥有了完全不同的人生。

成 长 加 油 站

在生命的旅程中，很多人为了生计，选择做自己不喜欢的工作，放弃实现自己的理想，甚至丧失了自己对人生的热爱与渴望。正是因为如此，人们才会说理想是丰满的，现实是骨感的。其实，尽管残酷的现实打败了很多人，也依然有很多人执着于实现理想，坚持梦想，爱自己所爱。**人生，从来不在固定的时间点打响发令枪，只要愿意，我们随时都能开始。**对于青少年而言，哪怕需要在学习上投入大量的时间和精力，也可以在学习之余坚持做自己喜欢的事情；哪怕错过了发展兴趣爱好的最佳时机，也可以在当下重新开始追求自己热爱的生活。总而言之，人生何时开始都不算晚，最重要的是当下就开始行动，不因任何事情而延误片刻。

对于真心喜爱的事情，青少年要永远满怀热爱。因为兴趣是最好的老师，也是坚持的动力。在日本，有个年逾古稀的老奶奶筹划着攀登富士山，却因为身体原因不得不暂时搁置计划。十几年过去，老奶奶已经八十几岁了，却依然坚定不移地实现了当年的梦想，成为日本有史以来攀登富士山的最高龄者。和七十多岁当画家的摩西奶奶以及八十几岁攀登富士山的日本奶奶相比，还有谁能说自己太老了，人生已经来不及了呢。**如果没有足够的幸运在最好的年纪里做想做的事情，那么当下就是最好的时机**。青少年要从当下这一刻开始努力冲刺中考，以进入理想的高中；要从当下这一刻开始备战高考，以进入心仪的大学；要从当下这一刻开始健身减肥，让自己拥有强壮的体魄；要从当下这一刻开始主动帮助父母分担家务，感恩父母的付出，与父母建立良好的亲子关系……只要想到就去做，只要开始就不晚，这应该成为每一个青少年的人生信条和人生准则。

小贴士

拖延是梦想的杀手。培养行动力，想到就做，从最简单、最不抗拒的一小步开始。减少完美主义，强调"完成优于完美"。立即行动能减少焦虑，让目标变得真实可及。

抱怨从来于事无补

抱怨，除了能够暂时发泄情绪之外，对于解决问题不会产生任何积极的作用。换个角度来看，如果因为抱怨耽误了解决问题的最佳时机，那么结果反而会变得更加糟糕。有位诺贝尔奖获得者曾经说过，人类统治地球的最大敌人就是病毒。其实，抱怨正如病毒一样可怕，具有极强的传染性。如今，全世界各个国家的顶级的科学家都在研究如何战胜病毒、控制病毒的扩散，但是却很少有人认识到抱怨的负面影响和消极作用。

现实生活中，很多人一旦遇到灾祸或者打击，第一时间不是思考如何解决问题，而是喋喋不休地抱怨。他们从未意识到抱怨非但无法解决问题，反而会使情况失控，变得更加糟糕。有的时候，抱怨者会因为抱怨而陷入绝望之中，还会让抱怨影响身边的人，使其也改变积极的心态，变得消极被动，绝望沮丧。由此一来，抱怨者就会深陷负面情绪的漩涡之中，也会深陷负能量的泥沼之中。

从心理学的角度来说，人很容易受到心理暗示的影响。当一个积极乐观的人听到身边的人怨声载道时，他的心态就会在不知不觉间受到负面影响。他或者变得消极悲观，或者也开始抱怨。例如，在校园生活中，尤其是在朝夕相处的同学们之间，抱怨会产生深远的影响。因为临近复习，各科老师布置了好几张试卷。起初，积极的同学尽管发愁要付出大量时间和精力才能完成这些试卷，但是依然平静地接受了因为即将考试所以必须全力投入复习的现状。这个时候，消极的同学一连声地抱怨起来："老师这是把我们当成学习机器了吗？

我们就算是机器，也不可能24小时连轴转啊！布置这么多试卷，这就是不想让我们吃饭，也不想让我们睡觉啊。要我说，索性直接给我们宣判死刑得了，就不要这样软刀子杀人了。哎，这样的苦日子什么时候才能结束，我觉得我可能活不到高考结束了。"听到身边的同学说出这样的一番话，积极的同学还能保持理智的心态和平静的情绪吗？他们很有可能当即也开始抱怨起来。很快，整个班级都会弥漫着浓重的抱怨情绪。然而，老师并不会因为同学们私底下的抱怨就减少试卷，更不会因此对同学们降低学习的要求。

短暂的周末过去，那些抱怨的同学不是没有完成试卷，就是做试卷的错误率很高，效率低下，字迹潦草，态度敷衍。反之，那些能够心平气和、专注投入复习的同学，则以最快的速度和最优的质量完成了试卷，因此切实获得了进步。由此可见，不管是抱怨还是积极地对待，同学们都要完成学习任务，既然如此，与其浪费时间敷衍地完成作业，使作业效果大打折扣，还不如珍惜时间专注投入地完成作业，既保证作业的质量，也获得更好的学习效果。

成 长 加 油 站

对于青春期孩子而言，最重要也最艰巨的任务就是学习。事实证明，能否以端正的态度接纳学习，能否以坚定的信念全身心投入学习，在很大程度上决定了学习的效果。**在校园生活中，为了保持积极向上的乐观心态，为了避免受到周围同学消极心态的负面影响，也彻底杜绝抱怨，青少年应该主动结交乐观的朋友，也学习朋友努力刻苦、坚持进取的精神。**在青少年群体中，很多孩子都表现出明显的从众心理和从众行为。尤其是在关系亲密无间的小群体中，每个人都渴望融入小群体，也得到其他群体成员的接纳与认可，这样才能获得归属感。基于这一点，青少年更是要用心筛选最适合自己的充满正能量的朋友，从而让自己也感受到正能量的积极影响和强大力量。作为父母，尽管要给予孩子结交朋友的权利和自由，却不要对孩子结交朋友的情况不闻不问。必要的时候，父母要给青少年把关，引导青少年融入积极正向的朋友圈和能量。

抱怨不但会传播消极的情绪和负面的能量，还会白白浪费宝贵的时间，使青少年错过抓住最佳时机解决问题的机会。对于青少年而言，当务之急就是彻底消除抱怨，开展一些积极有效的活动，以推动事情朝着好的方向发展。在这个世界上，从未有人能靠着抱怨获得成功，唯有怀着乐观的心态面对一切艰难坎坷，迎难而上突破困境，我们才能迎来转机，获得生机。

在现实生活中，很多青少年都会面临各种不如意，为此而抱怨命运不公平，抱怨父母不给力，抱怨朋友不能竭尽全力帮助自己。实际上，很多客观的环境和条件都是无法改变的，例如我们不能选择出生在怎样的家庭里，也无法改变其他人。既然如此，我们就要调整心态，不再徒劳地试图改变外部世界的人和事情，而是致力于改变自己。**每个人唯有真正改变自己，才能以全新的眼光看待世界，也才能拥有与此前完全不同的崭新世界。**

小贴士

抱怨消耗能量，强化无力感。引导孩子将注意力从"问题"转向"解决方案"。鼓励他们在表达不满后，思考"我能做些什么来改善？"培养孩子积极解决问题的思维模式，使其认识到改变始于自身的行动而非外界。

学会享受孤独

每个人注定要孤身一人开启生命的旅程，最终也孤身一人迎接死亡的到来。在生命的旅程中，我们也许会有很多同行者，诸如亲人、爱人、朋友等，这使我们暂时沉浸在热闹喧嚣的生活中，但是随着时间的流逝，那些原本和我们亲密无间的人渐渐地远离我们的人生，使我们不得不享受孤独。有些人无法忍耐孤独，一旦需要独处，他们就会抓狂。其实，孤独给了我们面对自己的最好机会，也能给予我们足够的时间和空间思考人生。正如人们常说的，低段位选手常常无法忍受孤独，而高段位选手则发自内心地热爱和享受孤独。

成 长 加 油 站

每个人对待人生的态度，在很大程度上决定了他们将会拥有怎样的人生。通常情况下，**只有内心强大且充实的人才能从容地面对孤独，也利用孤独的时刻与自己相处，获得独处的乐趣。**反之，那些内心脆弱且生命空虚的人往往无法忍受孤独，即使不得不独处，他们也会非常煎熬。他们认为，孤独是人生中最残忍的事情，是完全无法忍受的。

很多成年人尚且无法忍受孤独，享受孤独，那么青少年又该怎样面对孤独呢？所谓孤独，并非单纯指的是形式上的孤身一人，也包含在热闹喧嚣的氛围中感到自己孤孤单单，既不能得到他人的理解，无法与他人产生精神的共鸣和情感的共情，也无法融入他人之间的谈话或者交流中，仿佛并没有合适的话题可以与他人展开交谈。这种热闹中极致的孤独往往是更令人无法忍受的，因为外部环境的喧哗与内心的孤寂宁静形成了强烈对比。有些有社交焦虑的人，每当置身于热闹的环境中却感到孤独时，就会感到深深的痛苦。比起这种极端矛盾状态下的孤独，反而孤身一人的独处显得更加容易。在孤身一人时，我们可以做很多事情。例如，安静专注地阅读一本早就想读却始终静不下心来读的书；一边喝咖啡一边吃零食，看一部经典的电影；泡一杯清茶，在淡淡散开的茶香中静心学写作，或者是在练习书法的同时抄写一段散文；去健身房运动，让自己在挥汗如雨的状态下完全释放心灵，放松紧张的情绪；利用独处的时间研习厨艺，即使一个人也可以享受顶级的美食，用美食治愈心灵。独处，可以让我们暂时逃离紧张忙碌的生活，可以暂时忘记那些庸俗的烦恼，也可以专注地享受当下这一刻心灵的宁静。遇到下雨的天气，不如坐在阳台上听风看雨，假装自己正在洗涤心灵。

青少年固然要积极地融入同龄人的群体之中，却也要学会与寂寞共处，敞开怀抱拥抱孤独。只有在寂寞之中，青少年才能贴近自身，关注心灵。在紧张忙碌的学习中，寂寞是多么难得和宝贵的时光啊。青少年要抓住这样的时光，坚持思考，坚持阅读，坚持自我，坚持进步。即使作为成年人，也要抓住孤独寂寞的时光，提升自我，这样才能在未来更加高光的时刻里璀璨绽放。

很多人都喜欢看李安导演拍摄的电影，却很少有人知道李安在成为著名导演之前，经历了漫长的寂寞，也度过了重要的独处时刻。

李安出生于普通的家庭，和所有孩子一样被父母寄予了殷切的期望。他的父母都是读书人，父亲在一所学校里担任校长，一直希望李安能认真学习，将来顺心如意地考上好大学，获得好工作，拥有平坦幸福的人生。但是，李安最大的梦想是成为导演，拍摄电影。即使父亲强烈反对他学习电影编导，他还是义无反顾，坚持考入纽约大学电影系，踏上了成为导演的艰难旅程。

学成毕业后，回到国内的李安仿佛被按下了人生的暂停键。作为一个名不见经传的导演，他压根没有机会真正执导影片。在人生最美好也最热血沸腾的六年里，李安都无戏可拍。无奈的他只能留在家里，当家庭煮夫，承担起各种家务，而妻子则独自上班赚钱，以支撑整个家庭的经济开销。可想而知，妻子承受着多么大的生存压力和经济压力。看到女儿这么辛苦，岳父岳母沉不住气了，他们主动提出给李安一笔钱做生意，让李安作为男人和丈夫肩负起养家糊口的重任。这使得心高气傲的李安备受打击。他毫不迟疑地拒绝了岳父岳母的资助，但是，他很清楚自己不能继续这样下去了，否则就是对家庭、对妻子不负责任的表现。思来想去，他偷偷报名了计算机培训班，想要转行从事计算机相关的工作，以便在最短的时间内帮助妻子减轻压力，和妻子一起支撑起整个家庭。无意间，妻子发现了李安在计算机培训班缴费的收据，她当即劝说李安要坚持梦想。在妻子的大力支持和鼓励下，李安再次鼓起信心和勇气，又开始当家庭煮夫，一边承包了所有的家务，一边坚持看电影，研究不同的拍摄技巧和表现手法。

最终，经过六年的坚持学习和刻苦沉淀，李安迎来了人生中的第一次执导机会。出乎所有人的预料，他拍摄的第一部电影获得了成功，也让他终于从不为人知变得名声大噪。从此之后，他拍摄出更多备受观众喜爱的影片，在导演的道路上越走越远。

看到李安成功的经历，我们不难想象，在国外学成归来却沉寂长达六年的李安承受着多么大的压力。得不到机会的他是备受煎熬的，这一点从他产生动摇，在拒绝了岳父岳母的资助后偷偷报名参加计算机培训班便可见一斑。幸运的是，妻子理解他，支持他，也在关键时刻鼓励他继续坚持。正因如此，李安才能转变心态，从忍受孤独转化为享受孤独，也借助孤独的时光深刻钻研和学习，最终才能厚积薄发，在得到机会之后一飞冲天，一鸣惊人。

经历了迷惘与彷徨的李安，最终在寂寞中潜下心来，享受孤独。他始终坚持学习拍摄电影，也通过研习经典影片与著名的电影导演进行互动。在人生中重要的学习阶段，青少年要学习李安，坚定自己的目标，抓住提升的机会，享受孤独寂寞的时光。每个人只要内心充实，积极向上，就不害怕身边寂静无声，也不害怕自己暂时不被接纳和认可。正如人们常说的，好看的皮囊千篇一律，有趣的灵魂万里挑一。**作为青少年，要注重充实和提升自己的内心世界，也专注投入地学习，这样就能驱散孤独，消除寂寞，最终全神贯注地投入于当下。**

小贴士

孤独不等于寂寞。高质量的独处是自我对话、反思、充电和创造力迸发的宝贵时光。鼓励孩子学会与自己相处，培养独立兴趣爱好，在独处中认识自我、沉淀思考、恢复能量，而非时刻依赖外部刺激或他人陪伴。

希望，是人生的灯塔

希望，是人生的灯塔，始终指引着人生的方向。越是在艰难的境遇中，我们越是需要拥有希望。希望，是人生的力量源泉，能够为人生注入源源不断的力量。当感到身心疲惫的时候，正是希望让我们再次燃起信心和勇气，也正是希望让我们咬紧牙关苦苦坚持。一旦失去希望，人生就会陷入绝望之中，彻底被黑暗笼罩。

青少年正值人生中最美好的时候，必须心怀希望，才能扬起风帆，乘风破浪。遗憾的是，如今的很多青少年都没有希望，或者不曾意识到希望的重要性。他们认为希望是空洞的，是虚无的，是没有实际意义和作用的。这是对于希望的极大曲解和错误认知。希望，能够从精神上改变人，也能够赋予人无限的力量，让人创造奇迹。尤其是在学习的过程中，很多孩子都因为长期努力刻苦地学习而感到身心俱疲，在这种情况下，如果他们看不到希望，那么很容易选择放弃。只有看到希望，哪怕希望渺茫，也能激励和鼓舞他们继续坚持下去。很多时候，短时期的努力不能起到立竿见影的作用，却也正是希望之光引领着人们在黑暗中摸索，艰难地前行，最终在山重水复疑无路的犹豫和迟疑中，迎来柳暗花明又一村。

希望，既不虚无，也不缥缈，更不空洞，而是实实在在存在的精神支柱和力量。希望，又像是一颗充满生命的种子，就算在成长的过程中被石头压住了，它们也能凭着顽强的生命力顶起石头，或者是改变生长的方向，从石头的侧面冒出小小的嫩芽。试问，如果一粒种子都如此不屈不挠地生存，那么我们作为万物的灵长，拥有更强大的力量，又有何理由选择放弃呢？所有的生命都要扎根发芽，开枝散叶，开花结果。

成 长 加 油 站

进入青春期，孩子们开始快速成长，也面临着成长过程中各种各样的挑战。越是如此，孩子越是要爱护自己内心希望的种子，也全力在自己内心种下希望的种子。对于那些真正心怀希望的人而言，世界上并没有真正的绝境。

青春期孩子最重要的任务就是学习，这也使他们承受着学习的繁重任务和巨大压力，时常猝不及防地遭遇学习的困境和难题。毫无疑问，学习从来不是一件简单容易、能够一蹴而就的事情。孩子与其抱怨学习很累很难，还不如斗志昂扬地投入学习，竭尽所能地改变现状。其实，学习并不像孩子想象或者畏惧的那么难。**如果孩子心怀希望，坚持提升自己，那么随着学习的不断推进，孩子也许就能摸索出适合自己的学习方法，也能在学习上高歌猛进**。我们不能以刻舟求剑的眼光看待学习，而是既要坚持看到自己的成长和进步，也要坚持看到学习的情况正处于发展和变化之中，这样才能随机应变，推动学习持续进步。

在漫无边际的沙漠里，有一支队伍正在探险。在领队的带领下，这支队伍兜兜转转，最终迷失了方向。很快，他们随身携带的水和食物快要消耗完了。在沙漠里，没有水和食物必死无疑。绝望的情绪在队伍中弥漫，有些人一想到自己可能不能活着走出沙漠了，瞬间崩溃地大哭起来。正在这个时候，领队拿出一个水壶，告诉大家："别担心，我其实偷偷地留了一大壶水，只要节省着喝，就能帮助所有人延续生命。"为了让大家相信水壶是满的，领队还让每个人都亲手试试水壶的分量。看到大家的脸上都露出如释重负的表情，领队又说："现在，大家都还有剩余的少量物资，所以咱们还没有到动用这壶水的程度。我会好好保管这壶水，大家都加油继续寻找出路吧。"

在领队的鼓舞下，更确切地说，是在这壶水的鼓舞下，全体队员又都振奋精神，跟随着领队四处突围。正当他们精疲力竭之际，有个路过的商队发现了他们。他们，终于得救了。领队率领大家跟随商队，一鼓作气地走出了沙漠。他们不但有了水，还有了充足的食物。这个时候，有个队员提议道："既然我们显然已经有了补给，就没有必要继续让队长背着那壶沉重的水了。但是，那壶水那么宝贵，不能丢掉，不如我们一起喝掉那壶水吧。"大家都赞同这个提议，兴高采烈地要求领队拿出那壶水。领队意味深长地笑着拿出那壶水，递给提出建议的队员。队员郑重其事地拧开水壶的盖子，结果发现水壶里装的不是水，而是沉甸甸的沙子。队员们恍然大悟，原来领队是为了激励和鼓舞他们，才偷偷地装满了一水壶的沙子，使他们相信他们还有满满一水壶的水。他们感激地看着队长，知道如果没有这壶"水"，他们也许早就困死在沙漠中了。

在极度缺水的沙漠里，水既是生命的源泉，也是希望所在。沙漠不但缺水，而且特别干旱燥热。人在沙漠里生存，如果不能及时补充水分，就会因为身体内的水分快速流失而死亡。对于探险队而言，没有食物也许不是最急迫的问题，没有水才是最致命的。看到全体队员意志消沉，弥漫着绝望的情绪，经验丰富的领队只能以假装还有一壶水的方式欺骗队员们继续鼓起信心和勇气，寻找离开沙漠的出路。这个办法点燃了队员心里的希望，也使队员们相信只要他们之中有人因为极度缺水而奄奄一息，那么队长一定会用这壶极为珍贵的水拯救濒临死亡的生命。如此，他们才能振奋精神，继续寻找出路。这壶"水"带来的希望，使所有队员都坚持到遇到商队的时刻，所以他们才能跟随商队离开沙漠。如果没有这壶"水"，如果失去了所有的希望，探险队的命运又会如何呢？通过这个故事，我们完全能够证明希望的重要性。

在生命的旅程中，面对看似无法突围的困境，每个人都要怀着希望坚持努力，不到最后一刻绝不放弃，这样才能迎来转机，求得生机。对于人生而言，每个人是心怀希望还是充满绝望，最终的结果必然是截然不同的。**在学习和生活中，青少年要始终怀着希望，坚持努力，才能改变糟糕的现状，也才能让人生从一片荒原变成绿树成荫。**

小贴士

希望感是在面对逆境时的重要心理资源。帮助孩子在困境中看到积极面，相信未来有变好的可能，与孩子一起设定可行的短期目标，寻找达成目标的路径，并相信自己有能力去执行。要知道，保持希望是韧性的核心。

压力，就是动力

青春期孩子正值人生中最关键的学习阶段，作为初中生的他们需要全力冲刺备战中考，才能考上理想的重点高中；作为高中生的他们不得不压缩吃饭睡觉的时间，才能学好多门学科，以优异的成绩升入心仪的大学。可以说，在初高中阶段的六年中，孩子承受着巨大的压力。现代社会中，很多孩子因为心理承受能力差，所以患上了心理疾病。也有些孩子内心强大，敢于吃苦，能够把压力转化为动力，继而持续地学习，获得理想的成绩。

一般情况下，孩子的压力产生于以下三个方面。

首先，学习压力。如今，很多父母都望子成龙，望女成凤，恨不得孩子当即就能高中状元，进入理想的大学。基于这样的想法，他们总是严格要求孩子，让孩子在学习方面出类拔萃。殊不知，学习从来不是只凭着主观意愿就能做好的事情。残酷的现实告诉我们，每个孩子在学习方面的天赋是不同的。要想在学习方面出类拔萃，孩子不但要争取获得绝对的进步，而且要全力以赴投入与同学之间的激烈竞争中。人们常说人生如同逆水行舟，不进则退，其实学习更是如此。孩子必须始终保持进步的状态，而且要尽量超越竞争对手，才能保持学习的优势，获得理想的成绩。

其次，人际相处的压力。在小学阶段，孩子们与小伙伴两小无猜，与老师和同学也能愉快相处。进入青春期，孩子在初高中阶段的人际相处模式与在小学阶段的人际相处模式截然不同。随着不断成长，孩子的心智发育越来越成熟，心思变得更加敏感细腻，这使得青少年之间的相处模式发生了改变，彼此之间的关系也更加微妙和复杂。又因为情绪容易波动，内心过于敏感，所以孩子与老师的关系也变得不同了。

很多青少年从小就习惯了以自我为中心，得到家人和父母所有的关爱、呵护与照顾，难免会任性霸道，唯我独尊。显而易见，一旦走出家门，走入校门，孩子就很难保持这样的优越感，因为在这个世界上，除了父母外，其他任何人都不会无条件地满足和迁就孩子。在校园生活中，以自我为中心的孩子在和他人相处时更容易爆发矛盾和冲突，也常常产生人际纠纷。孩子要学会站在他人的角度思考问题，也尝试着设身处地为他人着想。毕竟，人具有社会属性，每个人都需要融入社会生活中才能生存。从青春期开始，孩子就要主动发展社会属性，也致力于打造良好的人际关系。在家庭生活中，父母要避免骄纵和宠溺孩子，否则孩子一旦进入社会就会吃足苦头和教训。

最后，家庭压力。很多父母都抱怨青春期孩子变得更加任性蛮横，不懂道理，也不听话懂事了。其实，这是对于孩子的误解。进入青春期，因为体内分泌出大量的荷尔蒙，所以孩子很容易情绪冲动，又因为心智发育不成熟，还没有形成正确的人生观、世界观和价值观，所以孩子无法全面衡量某件事情是正确的还是错误的。在这种情况下，他们的身体快速成长，身形接近成年人，也拥有了和成年人不相上下的力量，为此他们迫不及待想要摆脱父母的束缚，真正地走向独立。这使得青春期孩子表现出明显的叛逆特点，不由分说地顶撞父母，不假思索地捍卫自己的权益，使亲子关系日益恶劣和紧张。如果父母不能全面了解和认知孩子在青春期的身心发展特点，一味地强制命令孩子或者要求孩子，甚至在学习方面对孩子提出不切实际的过高要求，那么必然会给孩子带来巨大的压力，使孩子变得抑郁、内向、自卑。

成长加油站

在青春期，父母要与时俱进地了解孩子的所思所想，满足孩子真实的心理需求和情感需求，这样才能为孩子营造民主和谐的家庭氛围，也能帮助孩子消除上述各种压力。总之，家庭是孩子面对社会、承受压力的底气，父母只有成为孩子的守护者、支持者和陪伴者，才能助力孩子幸福快乐地成长。

从孩子的角度来说，一味地逃避压力显然无法解决问题。**孩子要认识到，每个人的情绪都在很大程度上取决于自身，既然无法改变客观存在的各种条件和生存环境，那么不如积极地改变自己，调整心态，从而坦然应对人生中的各种境遇。**尤其是在产生负面情绪的时候，要第一时间就采取合适的方式缓解情绪，或者宣泄不良情绪。既然人生不如意事十有八九，那么我们最重要的就是戒骄戒躁，淡定从容地接纳命运的安排，也敞开怀抱热情拥抱生活。

压力如同双刃剑，对于那些能够转化压力为动力的人而言，压力就能产生积极的力量；对于那些只会被压力压垮甚至因此彻底放弃努力的人而言，压力则是负能量的源泉。每个孩子都想考取最好的成绩，却因为受到各种因素的影响，而在考试中发挥不稳定，使得成绩出现波动。其实，学习上的波动属于正常现象，青少年要认清楚自身的能力和水平，适度期望和要求自己，而不要过度苛责自己。**当意识到情绪起伏不定时，要采取有效措施疏导情绪，从而避免负面情绪在内心深处持续累积，最终彻底爆发。**例如，可以做喜欢的事情转移注意力，让自己暂时忘记不开心；可以和好朋友一起聊天，互相开导，互相鼓励；可以想一想自己擅长科目的成绩，获得小小的成就感，以激励自己继续努力。总之，这些都是帮助青少年恢复好情绪的健身操，青少年要坚持做操哦！

小贴士

重新认识压力：适度的压力是成长的催化剂，能激发潜力、提升专注力。关键在于如何管理和转化压力。教会孩子识别压力信号，运用健康方式应对，将压力视为需要应对的挑战而非威胁。

远离焦虑，坦然前行

作为父母，还有谁能回想起当得知小小的生命胚胎存在时的那份喜悦呢？年轻的父母对新生命的到来充满渴望，有些父母盼星星盼月亮才终于迎来了新生命的喜讯。很多妈妈感受着新生命的存在，唯一的愿望就是小小的胚胎顺利地降生，健康地成长。当新生命呱呱坠地，孩子终于平安出生时，父母又希望孩子健康苗壮成长，不要被头疼脑热折磨。可以说，直到孩子升入小学前，父母对孩子的爱都是简单纯粹的，父母关于爱孩子的愿望也都是很质朴的，容易实现，容易满足。然而，随着孩子进入小学，踏上了长达十几年的学习之路，父母对孩子的要求和期望就有概念了。他们迫不及待地要求孩子在学习上出类拔萃，而忽略了每个孩子的成长节奏，以及心智发育和成熟的速度是不同的。当看到孩子落后于同龄人时，父母更是恨不得对孩子揠苗助长。随着孩子学习的难度越来越大，父母的焦虑日益加深。也许是因为受到父母的感染，在升入小学高年级，就读初高中之后，孩子也开始焦虑起来。

前文说过，青春期孩子原本就容易情绪冲动，这既是因为他们体内分泌出大量荷尔蒙，也是因为他们为人处世还不够成熟和稳重，也缺乏判断事情对错的标准。对于青春期孩子而言，焦虑是很不利于身心健康的。看到孩子愁眉不展，压力如影随形，很多父母都不理解孩子，也认为孩子是故弄玄虚，故意以负面情绪逃避学习。父母认为，孩子从小就衣食无忧，在学习上更是拥有很多便利的条件，如何会感到焦虑呢？父母还认为，只有需要养家糊口、上有老下有小的中年人才会焦虑。父母这样的想法大错特错，无数的现实告诉我们，在现代社会中，很多青少年都陷入了诸如焦虑、恐惧、担忧等负面情绪中无法自拔。如果说愤怒是特别强烈的负面情绪，也因为具有超强的破坏力而为大多数人所重视，那么焦虑就是更加平缓且沉默的负面情绪，虽然缺乏存在感，但是却会无声地蚕食甚至吞噬孩子的心灵，使孩子仿佛生活在阴暗的世界里，内心阴云密布。

成 长 加 油 站

那么，青少年究竟为什么产生焦虑呢？

首先，青少年进入初高中阶段之后的学习任务越来越繁重，有些孩子刚进初中，根本无法适应紧张忙碌的学习节奏，也常常到了深夜还没有完成作业。

其次，青少年特别看重父母的评价，甚至努力学习的重要目的就是让父母感到满意。又因为很多父母对孩子的学习要求甚高，所以孩子在考试成绩不理想、在学校里受到老师批评的情况下，压根不敢面对父母，还会故意拖延时间回家，或者以撒谎的方式暂时保护自己免遭父母的责罚。

为了帮助孩子保持平静愉悦的情绪，父母首先要成为情绪稳定的人，哪怕面对孩子学习表现不佳、学习情况糟糕的现实，也能控制好自己，采取合适的方式教导孩子。毕竟父母教育孩子的目的是希望孩子变得更好，而不是想以孩子无法令人满意的表现为由，不择手段地惩罚孩子。只有坚持这一点，父母才能避免教育本末倒置，事与愿违。

再次，追求认同感，害怕被嘲笑。青春期孩子拥有强烈的自尊心，他们特别害怕自己在某些方面表现不好，被他人嘲笑、挖苦或者讽刺。他们也渴望融入同龄人的群体，获得归属感。为此，一旦在校园生活中被其他同学排挤或者孤立，孩子就会感到痛苦，也会产生焦虑。其实，金无足赤，人无完人，一个人不管多么努力地改变自己，都不可能赢得所有人的认同和喜爱。既然如此，孩子不如做最真实的自己，从而缓解焦虑情绪。

最后，原生家庭不幸，会使孩子陷入自卑之中，变得紧张焦虑。现代社会经济发展的速度越来越快，每个人的生活都处于飞速变化之中，人们对于婚姻的态度也越来越随意，离婚率连年攀升。很多父母对待婚姻的态度很草率，认为合适就继续在一起生活，不合适就分开各自过各自的生活，他们却唯独没有想到，对于孩子而言，父母是他们最爱的人，家庭是他们赖以生存的小小世界。如果父母草率地离婚，甚至为了结束一段不幸福的婚姻而大打出手，那么孩子极有可能产生焦虑情绪，每时每刻都在担心自己会失去爸爸或者妈妈，甚至从此之后失去家。为了帮助孩子保持良好的情绪，父母要妥善处理婚姻问题，尽量减少对孩子的伤害。

总之，每个人都有烦恼，孩子也不例外。**父母要尊重和理解孩子，也要重视孩子的烦恼，帮助孩子消除烦恼。**一旦陷入焦虑的情绪，孩子就会出现各种各样的问题，诸如无法专注地学习、情绪低落、心烦意乱等。这些负面情绪不但会影响孩子的心理状态，也会影响孩子的身体状态，有些孩子长期焦虑，引发了各种慢性疾病，给身体带来了不可逆转的伤害。所以，父母一定要重视孩子的情绪状态，帮助孩子驱散焦虑，孩子也要主动调整自身的情绪状态，保持身心平静和愉悦。

小贴士

焦虑是常见情绪。教导孩子识别焦虑想法，练习质疑其真实性，学习放松技巧，聚焦当下可控之事，制订计划并行动。规律作息、充足睡眠、适度运动是天然抗焦虑良药。

第 七 章 07

发展核心能力，成为
独一无二的自己

Positive
psychology

人人都需要十八般武艺

作为青春期孩子的父母，我们小时候都看过《西游记》，尤其是对孙悟空充满崇拜，印象深刻。在唐僧去西天取经的路上，孙悟空是最不可缺少的一分子，他不但能七十二变，还能上天入地下海，又能使出十八般武艺。每当唐僧被妖魔鬼怪抓住，孙悟空总是能把那些妖魔鬼怪打得落花流水，救出唐僧。为此，孙悟空成为很多"70后"和"80后"心目中的英雄。时至今日，依然有很多孩子喜欢孙悟空，也梦想着自己能变成孙悟空。

的确，人人都需要十八般武艺。随着成长，孩子的能力越来越强，又因为掌握了更多知识，所以孩子已经有能力处理和解决很多事情了。在这个阶段，父母要致力于激发孩子的创新意识，让孩子形成发散性思维，这样孩子才能学习孙悟空七十二变，真正做到随机应变。当孩子从依赖父母到变得独立后，他们开始成为自己人生的主宰，也要为自己的人生负责。

显然，培养孩子的独立性，教会孩子随机应变，远远比向孩子灌输知识、教孩子学会技能更难。在此过程中，需要父母与孩子齐心协力，才能实现目标。

成长加油站

在家庭教育中，父母切勿像照顾小孩子那样对待青春期孩子，而是要**适时适度地对孩子放手，这样孩子才有机会进行独立思考，也尝试着凭自己的能力解决问题。**很多父母都进入了误区，认为爱孩子就是让孩子衣食无忧，就是让孩子凡事都不需要亲自动手。最终，这样的父母培养出无能的"巨婴"，而不是一天天走向独立的孩子。

父母不可能陪伴孩子一辈子，这意味着孩子终究要独立生活，也要独立生存。在生活中，父母要给孩子机会练习做各种家务，提升孩子的自理能力；在学习方面，父母切勿直接告诉孩子一些题目的答案，而是要引导孩子独立思考，调动已经学过的知识解决问题；在人际相处方面，父母不要干涉孩子结交朋友，而是要引导孩子学会辨识朋友的真心，结交真正的好朋友，也与好朋友一起成长。

总而言之，**孩子长大了，他们需要学习各种知识，练习各种技能，才能在人生的道路上走得更远，看到更美的风景**。父母则要目送孩子飞向高空，默默地祝福孩子，也为孩子守护好家。现实生活中，很多父母都担心孩子将来的生存问题，因而拼尽全力赚钱，为孩子购买房子、车子，还想给孩子留下更多的票子。其实，不管父母多么未雨绸缪，深思熟虑，都无法预见孩子将来在人生的旅程中将会面对怎样的困境，遇到怎样的障碍。既然如此，父母何不致力于培养孩子的能力呢？如果孩子的内心足够强大，坚强自信，也具有灵活的应变能力，能够发挥所学解决各种问题，那么哪怕没有父母在身边保驾护航，他们也能生存得很好。有些孩子少年老成，小小年纪就如同小大人一样照顾父母，在长大成人之后更是为父母支撑起一片晴朗的天空，让父母颐养天年。这才是教育的最大成功。

小贴士

在快速变化的时代，综合能力比单一技能更重要。鼓励孩子广泛涉猎，培养跨领域能力：如沟通、合作、批判性思维、创造力、解决问题的能力、适应力、信息素养等，成为"T型人才"。

学会说话，发挥语言的魅力

常言道，会说话说得人笑，不会说话说得人叫。在人际交往中，语言的作用至关重要，往往会对事态的发展起到强有力的推动作用。很多青少年之所以面临人际危机，正是因为他们不会说话，不懂得发挥语言艺术的魅力。仅从形式上看，说话的确是很容易的事情，只要发出声音表达内容即可。但是，从本质上来看，说话既是语言的技术，也是表达的艺术。现实生活中，只有少数人深谙表达之道，不但会说话，还能把话说好，而大多数人都曾经因为一句话说得不合适，而导致与人关系紧张，或者导致事情朝着不可控制的方向发展。

那么，青少年如何提升表达水平呢？俗话说，罗马不是一天建成的，谁都不可能一口吃成个胖子。第一步，青少年要学会运用语言表达准确的内容，也传情达意。第二步，青少年要学习说话的技术。第三步，青少年要发挥语言艺术的魅力，凭着三寸不烂之舌打天下。

对于相同的内容，不同的人有不同的表达方式，也将产生不同的表达效果。即使对于同一个人而言，当他们以不同的语气表达相同的内容时，也会收获不同的结果。在人际交往中，人与人的交流离不开语言，也必须以语言作为主要的沟通方式，才能方便快捷地传情达意。在人际交往中，人与人之间之所以产生矛盾、争执、误解或者是委屈，往往是因为沟通不到位。

在家庭生活中，当孩子还小时，父母与孩子的沟通是很和谐的。但是，在孩子进入青春期之后，父母开始生出烦恼，这是因为他们无法与孩子友好地沟通，还常常因为一些不值一提的事情，就与孩子爆发矛盾和争执。可想而知，如果连基本的沟通都做不到，那么父母如何能与孩子融洽相处，又如何能对孩子进行教育和引导呢。从这个意义上来说，顺畅的沟通是亲子相处的前提，也是亲子教育的基础。

成长加油站

父母唯有明确沟通的问题，才能有的放矢地解决问题。其实，父母与青春期孩子的矛盾起源于缺乏尊重，也不能平等对待孩子。孩子小时候对父母言听计从，是父母心中的乖宝宝，所以父母只需要对孩子发号施令，而无须担心自己会被孩子抗拒或者拒绝。随着长大，孩子的自我意识觉醒，他们情绪冲动，感情细腻，也开始有自己的想法和主见。在这种情况下，他们必然不愿意继续无条件服从父母，而是试图向父母证明他们已经长大了，也向父母证明他们的独立性和自主性。由此一来，亲子关系就从一片祥和变得剑拔弩张、针锋相对，家庭氛围也从和谐融洽变得鸡飞狗跳、满地鸡毛。具体表现为，孩子总是故意与父母作对，哪怕父母说的是对的，他们也想要抗拒父母，向父母示威。而父母呢？大多数父母对孩子的认识依然停留在孩子小时候，幻想着孩子能像小时候那样听话懂事，这只是不切实际的幻想而已。**明智的父母会了解孩子在青春期的身心发展规律和特点，从而及时更新教育的理念，改变与孩子相处的模式，也以更容易被孩子接受的方式与孩子进行沟通和协商。**必要的时候，父母还要设身处地为孩子着想，这样才能本着尊重和平等对待孩子的原则，把话说到孩子的心里去，打动孩子的心，也才能让孩子敞开心扉，接纳父母。

具体来说，孩子要懂得礼貌，能够以合适的称谓称呼他人。很多孩子张口就是"喂"，而不懂得如何尊敬地称呼他人，这必然招人反感。大多数孩子对于熟悉的人能够使用合适的称谓，而对于陌生人则不知道如何称呼。其实，可以根据对方的职务称呼，根据对方的年龄称呼，根据对方的性别称呼等。礼貌的称呼能够赢得他人的好感，是与人交往的第一步。

孩子要学会正确表达。在家庭生活中，有些父母习惯了对孩子下命令，孩子受到父母潜移默化的影响，也会颐指气使地与他人说话。有些父母总是对孩子大喊大叫，训斥孩子，长此以往孩子也会心浮气躁，动辄喊叫。有些父母只要发现孩子犯错误，就不由分说地指责孩子，使孩子也总是推卸责任，而不能主动反思自身的错误和不足，或者唯唯诺诺，自我否定和贬低。父母要改变家长权威的心态，以尊重和平等的态度与孩子沟通，也要以温言细语对待孩子，孩子才能学会小声礼貌地表达。父母也要给孩子树立榜样，遇到问题先从自身寻找原因，再有针对性地解决问题，相信父母的言传身教将是对孩子最好的教育。

孩子要摒弃以自我为中心的习惯，学会设身处地为他人着想。很多孩子从小就被父母骄纵惯养，渐渐地误以为自己是中心，也形成了错误的思维模式。他们待人苛刻，常常指责他人，也会忽视他人的利益和需求，给人留下恶劣的印象。只要换一个角度，学会站在他人的角度上思考问题，那么孩子就会变得更加宽容，原谅他人，同时也放过自己。

孩子要利用各种机会练习表达。俗话说，熟能生巧。孩子并非天生会说话，也并非天生就具有高超的语言表达能力。只有抓住生活中的各种机会与人沟通，再通过亲身实践不断地提升表达能力，孩子才能成为语言高手。总之，会说话的青少年才能成为社交高手，也能避免尴尬。

小贴士

沟通是核心能力。教导有效沟通：清晰表达想法，积极倾听他人，学会非暴力沟通，根据场合和对象调整表达方式。真诚、尊重、共情的语言能建立良好关系，化解冲突。

突破极限，成为更好的自己

很多青少年都认为自己与众不同，怀才不遇，其实，这是一种错误的想法。在现代社会中，每个人都拥有无限的可能性，也拥有无限的机会。只要努力拼搏，坚持上进，勇敢地超越和突破自己，青少年就能成为更好的自己。

常言道，酒香不怕巷子深，这句话已经不适合现代社会了。在网络购物越来越方便的今天，人们只需要坐在家里动手点点鼠标，就能买到各种需要的商品，那么谁还会走入各种宽窄巷子如同寻宝一样找最香的酒呢。作为酒家，要主动参与竞争，才有可能从诸多品牌的酒中脱颖而出。作为人才，要主动走上更大的平台，甚至走到聚光灯下，接着不卑不亢地展示自己的实力，这样才能赢得平台的青睐，也才能得到伯乐的赏识。总之，躲在舒适区里是永远也不可能进步的。不管是企业还是个人，不管是成年人还是青少年，都同样面临着竞争，唯有突破和超越自己，充分挖掘自身的潜力，才能证明自己的价值，实现自己的意义。

如果一块金子被埋在土壤里，那么它永远也不会发光，更无法引起他人的注意。等到有朝一日有人把金子从土壤里挖掘出来，也许已经错过了金子最光华璀璨的时节。从这个意义上来说，人生经不起等待。人的一生看似漫长，实则短暂，最美好的青春年华更是转瞬即逝。青少年正值人生中最好的学习时期，要抓住分分秒秒的时间专注地投入学习，才能让自己如愿以偿地一路高歌猛进，将来凭着名校毕业的过硬学历进入更大的职业平台。

每当看到孩子躲在舒适区里，不愿意突破和超越自己，父母总是心急如焚，毕竟孩子还小，不知道在社会上生存多么艰难，也不知道社会竞争多么激烈。面对这种情况，父母要逼迫孩子激发潜能，也要逼迫孩子远离舒适区。很多人都听过温水煮青蛙的故事，那么就会知道在温热的水里，青蛙的身体渐渐失去活力，最终再也没有力气摆脱危险的境遇。如果青蛙被突然扔进沸水中，那么它们当即就会因为被沸水烫得痛苦而不顾一切地跳出沸水，反而能够存活下来。

成 长 加 油 站

对于很多孩子而言，他们最大的问题就是缺乏自信，自我限定。在没有真正开始行动之前，他们就预想到各种各样的困难，也因为恐惧和担忧选择放弃尝试，放弃努力。这样的孩子很难在人生中取得大的成就，因为他们小富即安，缺乏危机意识。与这些孩子截然不同的是，有些孩子虽然出身贫苦，从小过惯了穷困的生活，但是他们始终都有强烈的愿望，想要凭着努力，借助高考的机会鲤鱼跃龙门，摆脱祖祖辈辈辛苦疲惫又沉闷压抑的生活。他们的愿望那么迫切，使他们浑身都爆发出强大的力量，这种力量足以改变他们的命运，让他们扼住命运的咽喉，战胜一切的厄运。可见，身处顺境并非真正的幸运，身处逆境也并非真正的不幸。有的时候，危机之中恰恰蕴含着转机，坚持拼搏的人终会证明天无绝人之路。

在这个世界上，没有谁的人生是一帆风顺的，每个人注定会遭受磨难，也会经历坎坷。越是在艰难的时刻，青少年越是要鼓起信心和勇气，坚定不移地前行，超越一切艰难险阻，也要克服所有的困难。在此过程中，青少年将会如同凤凰涅槃一样浴火重生，因为他们淬炼了自己的意志，磨炼了自己的毅力，增强了自己的勇气。反之，如果青少年面对不值一提的困难就产生畏缩心理，感到害怕和恐惧，甚至怀疑和否定自己，那么他们就会接二连三地降低自我评价，也会一次次地降低自己所能达到的高度，最终导致自己的能力持续降低。

有人做过一个实验，即把跳蚤放在玻璃瓶里，然后在玻璃瓶口盖上透明的玻璃盖子。按照跳蚤的弹跳能力，它完全可以从瓶口跳出去。但是，当它每次拼尽全力地去跳时，都会狠狠地撞击在透明的玻璃瓶盖上。在接连数次遭遇这样的阻碍后，跳蚤下降了跳跃的高度，以确保不会撞到玻璃瓶盖上。这个时候，实验者拿走玻璃瓶盖，跳蚤却已经适应了新的高度，再也跳不出玻璃瓶了。这就是自我限制和自我禁锢的弊端。

跳蚤如此，人也是如此。只有一次次突破和超越极限，青少年才会变得更加强大。反之，如果每次都在降低自己所能达到的高度，则青少年就会变得越来越软弱，越来越无能。

其实，人的潜能是无穷的。要想激发出无穷的潜能，人必须突破极限这个阀门，才能让潜能爆发出来。有科学家提出，大多数人只运用了十分之一的潜能，哪怕是科学家也只运用了十分之二的潜能。这意味着每个人都拥有巨大的潜能，关键在于如何激发潜能。**我们要掌握合适的契机，激发出自身的潜能，也需要破釜沉舟，斩断自己的退路，才能逼迫自己爆发出所有的力量。**对于很多事情，青少年并非因为能力有限才做不到，而是因为被自己的心限制了，所以才会在没开始时就心生畏惧。那么，是时候突破极限，释放自我了。行动起来吧，少年们！

小贴士

成长在于不断挑战舒适区。设定略高于现有能力的目标，在安全前提下鼓励尝试新事物、学习新技能。强调过程价值，关注微小进步，庆祝突破。

拒绝横向比较，坚持纵向比较

人，总是爱比较，父母如此，孩子也是如此。虽然青春期孩子很抗拒被父母作为比较的对象，但是实际上他们也常常把自己与他人作比较。当孩子习惯于进行横向比较，他们常常会陷入紧张焦虑之中，认为自己在某些方面比不上他人，注定遭遇失败。毫无疑问，这样的负面心理暗示不利于青少年提升自信，反而会让青少年感到心烦意乱，产生自我怀疑，继而自我否定。明智的青少年拒绝被父母拿来作横向比较，也不会盲目地把自己与他人进行横向比较，而是坚持更合理的纵向比较。

孩子的成长是全面的，而非单独某个方面一枝独秀地成长。所以，在把孩子与他人作比较时，把孩子的缺点和不足拿去与他人的优势和长处进行对比，对于孩子是极大的不公平，这样的比较方式也是极其不合理的。毕竟每个孩子都是独立的生命个体，都有自己的优势与特长。哪怕是在同一个家庭里长大的双胞胎，拥有相同的父母、相同的家庭环境，也接受了相同的教育，他们也无法进行绝对的比较。既然如此，我们就要摒弃这种比较的方式，对孩子进行纵向比较。

所谓纵向比较，就是把今天的自己和昨天的自己进行比较，从而看到自己的进步，认可自己的努力，也因此获得成就感，鼓励自己继续坚持努力。**父母要对孩子进行纵向比较，看到孩子的成长和进步；孩子也要对自己进行纵向比较，见证自己的努力有了收获。**简而言之，纵向比较就是只与自己比。

只有学会纵向比较，青少年才能在成长的过程中坚持进步，在学习的道路上勇往直前。人生，不是百米冲刺，而是马拉松长跑。有的时候，青少年也许会暂时领先，但是这并不意味着会永远领先；有的时候，青少年会暂时落后，但是这并不意味着不能反超。如果被横向比较扰乱了内心的节奏，那么纵向比较则能够帮助青少年认清楚自己，并找回自己。

所有人都不可能出生即巅峰，既然如此，不管起点如何，总要一步一个脚印地坚持成长。常言道，千里之行始于足下。也有人说，世界上没有脚不能到达的地方。在坚持与自己比较的过程中，青少年才能认知自己，接纳自己，认可自己，督促自己。

当今社会中，几乎所有父母都有严重的教育焦虑，他们恨不得对孩子揠苗助长，让孩子一出生就能做出让他们满意的成就。为此，他们竭尽全力让孩子赢在起跑线上，心急的父母带着几个月的婴儿上亲子早教课程，想方设法挖掘孩子的潜力，也压榨孩子的剩余精力。

成长加油站

孩子有自己成长的节奏和规律，父母对孩子揠苗助长非但不利于孩子的成长，反而会使孩子承受巨大的压力，受到严重的心理创伤。父母让孩子向优秀的同龄人学习固然没错，却没想到如果因为这种简单粗暴的做法损害了孩子的自尊心，那么孩子就会彻底放弃自己，这当然不是父母想要的结果。在横向比较的过程中，孩子还会迷失自我，优秀的孩子盲目自信，不够优秀的孩子则盲目自卑。因而，父母要引导孩子与自己进行纵向比较，让孩子看到自己的优势和特长，挖掘自身的闪光点，从而怀着自信和勇气坚持成长。

古人云，不积跬步无以至千里，不积小流无以成江海。纵向比较是以时间为参照的。当父母坚持对孩子进行纵向比较，认可孩子的努力和付出时，孩子就会充满自信，获得超强的内部驱动力。渐渐地，孩子也习惯于对自己进行纵向比较，不管起点如何，他们始终坚持进步，这就是成长的必经之路。不管孩子的进步多么小，父母都要认可孩子，赞赏孩子，这样孩子才会获得成就感，对自己形成正确的认知。很多孩子都缺乏正确自我评价的能力，他们出于对父母的信任，会把父母的评价作为自我评价，这也就导致常常被父母贬低的孩子自我否定，常常被父母赞美的孩子自我肯定。作为父母，切勿再不假思索地挖苦、讽刺或者嘲讽孩子，要知道父母的评价是孩子自尊自信的源泉，父母的信任也是孩子勇气和力量的源泉。

每个人都拥有无限的潜能，通过不断磨砺与发展核心能力，我们能够逐步解锁自身的独特价值。无论是掌握沟通的艺术，还是深挖记忆的潜力，都是通往卓越之路的宝贵钥匙。重要的是，我们要勇于挑战自我，实现个人的纵向飞跃，而非盲目陷入与他人的横向比拼。在这个过程中，我们会逐渐发现，真正的成功不在于复制他人，而在于成为那个无可替代、独一无二的自己。让每一次努力都成为塑造更好版本的自己的基石，绽放属于自己的光彩。

小贴士

与他人比较易生焦虑和不公感。引导孩子将目光聚焦于自身成长轨迹，"和昨天的自己比，今天的我进步了吗？"肯定努力和进步，无论大小。欣赏他人优点，但也要明白每个人起点、节奏、目标不同，成为更好的自己才是终极目标。

参考文献

[1]刘利广.青少年积极心理学[M].北京：中国商业出版社，2021.

[2]王孝培.青少年积极心态训练手册：快乐成功学[M].北京：九州出版社，2010.

[3]文德.心态决定人生[M].北京：中国华侨出版社，2018.

[4]无智.嘿，小孩儿！：青少年积极心理成长之路[M].北京：化学工业出版社，2017.